Fundamental Mechanics

ベクトルと微積ですっきりわかる
例解 新基礎力学

御法川 幸雄

誠文堂新光社

はじめに

　本書は高校と大学で学ぶ力学の芯となる法則とその適用の仕方をベクトルと微分積分を用いて根底から理解することを目指して書かれたものです．物体を投げ上げると物体は放物線を描きながら落下する，北半球では物体は進行方向から右の方にそれる，地球は太陽の周りを楕円軌道を描いて運動する．そこには小さなスケールから大きなスケールまで常に運動を支配する運動法則があり，数式による記述が可能です．

　しかし，高校ではかなり高度なベクトルと微積分をマスターしているのに，高校の物理は微積分の使用は御法度であるため，物理法則の公式ありきとして憶え，その適用法に習熟するのが物理なりと認識しているとしたら残念なことです．高校の物理の教科書には自由落下，水平投射，斜方投射にそれぞれの速度，加速度，位置が別々の公式で載っているのです．これが一つの運動方程式さえ知っていれば，すべて条件に応じて次々に導き出せるのです．このすばらしさがわかる方法はないものでしょうか．

　このような状況を鑑み，高大融合の物理を一つの物語風にアレンジし，自然に内容が視覚（ベクトル）と数式による表現で分かり，自在に応用できる力を養えるスタイルを採用しました．高校と大学の物理の橋渡し的役割を担うことも念頭に置きました．とはいえ，たくさん教えるのではなく，できるだけ重要なことを系統的に少なくエッセンシャルズだけを教えることをモットーにしました．

　この目的に添うように，まずこれだけは知っていればというベクトルの基本的性質と適用例を学び，この結果と高校数学を駆使してニュートンの運動法則から高大物理で学ぶ数々の重要法則が統一的に導き出せることを示します．次に，得られた法則が根底から理解できるよう，例題をやりながら内容を深める方式を採りました．

　運動法則の単なる理解にとどまることなく，ハイレベルの応用例題にも積極的に取り組みました．さらに，大学物理につなげるために，高校の数学では教えないベクトル積（外積）も取り上げました．これがわかると，角運動量の定義ができ，面積速度一定を表すケプラーの第2法則が自然に導き出せます．また，ベクトルの3重積まで拡張するとコリオリの力が導き出せることも学びます．このように，基礎から応用までより深くニュートン力学の内容の深さと豊富さを知ることによって，電磁気学や原子物理など他分野への知的好奇心を掻き立ててくれればこれに勝る喜びはありません．

　最後に，本書の企画の段階から完成まで終始御尽力をたまわった誠文堂新光社 編集局の秋元宏之氏，渡辺真人氏に深く感謝いたします．

2019 年 8 月

御法川 幸雄

目 次

1 ベクトルとスカラー

1.1 ベクトルとスカラー……………8
1.2 ベクトルの図示……………8
1.3 ベクトルの成分表示……………9
1.4 ベクトルの和……………10
1.5 ベクトルの差……………11
1.6 スカラー積(内積)……………13
1.7 ベクトル積(外積)……………14
1.8 ベクトルの問題演習……………18

2 速度と加速度

2.1 速度……………24
2.2 速度の合成……………25
2.3 相対速度……………26
2.4 加速度……………28

3 力の表し方

3.1 力の表し方……………36
3.2 力のつりあい……………36
3.3 力の合成と分解……………37
3.4 いろいろな力……………38
3.5 作用・反作用の関係にある2力……………49

4 運動の法則

4.1 ニュートンの運動の3法則……54
4.2 運動方程式の積分(1)……………56
4.3 運動方程式の積分(2)……………60
4.4 運動方程式の積分(3)……………61
4.5 保存力とポテンシャルエネルギー……………64

5 いろいろな運動

5.1 運動方程式のたて方……………74
5.2 重力のもとでの運動……………75
5.3 単振動……………95
5.4 等速円運動……………111

6 力学的エネルギー

6.1 力学的エネルギー保存の法則……118
6.2 非保存力と力学的エネルギー……126
6.3 人工衛星……………128

7　運動量と力積

7.1　運動量と力積 …………… 134
7.2　運動量保存の法則 …………… 137

8　角運動量と回転運動

8.1　角運動量保存の法則 ………… 150
8.2　回転運動の運動方程式 ……… 154
8.3　面積速度 …………………… 156

9　非慣性系と見かけの力

9.1　並進座標系と見かけの力(慣性力)
　　……………………………… 162
9.2　回転座標系と見かけの力
　　(遠心力, コリオリの力) ……… 166

10　物体(質点)系から剛体へ

10.1　2物体(質点)系の運動方程式
　　　…………………………… 176
10.2　2物体(質点)系の重心(質量中心)
　　　…………………………… 176
10.3　2物体系の回転運動の運動
　　　方程式 ……………………… 178
10.4　剛体の重心(質量中心) ……… 184
10.5　剛体のつりあい ……………… 187
10.6　固定軸をもつ剛体の回転運動
　　　…………………………… 193

1　ベクトルとスカラー

ほとんどの物理量はベクトルとスカラーにわけられる．
大きさと単位だけをもつ質量はスカラーで，
大きさのほかに方向と向きをもつ速度はベクトルである．
ベクトルは多くの物理法則を
きっちりしかも簡潔に表現できる．
物理法則がベクトルの式で表されると，
座標系が変わってもその式の形はそのまま保たれる．
ベクトル解析は19世紀に米国のギブズや
英国のヘビサイドによって大きく発展した．

1.1　ベクトルとスカラー

　長さ，時間，質量，エネルギー，電荷などのように大きさしかない物理量をスカラー(量)という．これに対して，位置，速度，加速度，力，運動量，角運動量，電場，磁場などのように大きさのほかに向きをもつ物理量をベクトル(量)という．

　ベクトルは A や $\vec{A}$ の記号で表される．

1.2　ベクトルの図示

　ベクトル $\vec{A}$ は矢印で図示することができる．

　矢印の向きがそのベクトルの向き，長さがその大きさ $|\vec{A}| = A$ を表す(図1.1)．ベクトルの矢印の始点の位置はどこでもよいものと，始点の位置(位置ベクトルの原点や力の作用点など)に意味のあるものがある．

　c をスカラーとすると，ベクトル $c\vec{A}$ は，大きさは $\vec{A}$ の大きさ A の $|c|$ 倍で，$c > 0$ なら $\vec{A}$ と同じ向き，$c < 0$ なら $\vec{A}$ と反対向きである．とくに $c = -1$ のときは $\vec{A}$ と大きさが等しく向きが反対のベクトル $-\vec{A}$ となり，$\vec{A}$ の逆ベクトルとよぶ (図1.1)．

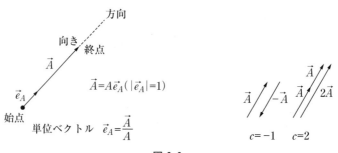

図 1.1

■単位ベクトル

　大きさ1のベクトルを単位ベクトルという．ベクトル $\vec{A}$ と同じ向きの単位ベクトルを $\vec{e}_A$ と書くと，

$$\vec{e}_A = \frac{\vec{A}}{A}, \quad \vec{A} = A\vec{e}_A$$

の関係が成り立っている．

1 ベクトルとスカラー

■位置ベクトル

一点 O を原点ときめて，そこから点 P に向かうベクトル $\overrightarrow{OP}$ を点 P の位置ベクトルといい，$\vec{r}$ で表す（図 1.2(a)）．

数値的に扱うには座標系が必要になる．

3 次元直交座標系で $\vec{r}$ は，点 P の座標が P(x, y, z) のとき，

$$\vec{r} = x\vec{i} + y\vec{j} + z\vec{k}, \quad r = |\vec{r}| = \sqrt{x^2 + y^2 + z^2}$$

（三平方の定理を適用）

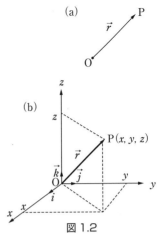

図 1.2

と書ける．$\vec{i}, \vec{j}, \vec{k}$ は x, y, z 軸の正の向きを向いた単位ベクトルを表す．$\vec{r}$ を単位ベクトルを省略し，座標のみを用いて $\vec{r} = (x, y, z)$ と表すことができる（図 1.2(b)）．

1.3 ベクトルの成分表示

$\vec{r}$ と同様，他のベクトル $\vec{A}$ も単位ベクトル $\vec{i}, \vec{j}, \vec{k}$ を用いて，

$$\vec{A} = A_x \vec{i} + A_y \vec{j} + A_z \vec{k}$$

と成分表示することができる．$\vec{r}$ の x, y, z は点 P の座標 (x, y, z) を表したのに対し，$\vec{A}$ の A_x, A_y, A_z は $\vec{A}$ を x, y, z 軸方向に分解した成分を表す．

$\vec{A}$ も $\vec{r} = (x, y, z)$ に対応した形で，

$$\vec{A} = (A_x, A_y, A_z),$$

と成分表示することができる．$\vec{A}$ の大きさは $A = |\vec{A}| = \sqrt{A_x^2 + A_y^2 + A_z^2}$ である．すべての成分が 0 のベクトル（すなわち大きさが 0 のベクトル）はゼロベクトルといい，$\vec{0}$ と書く（単に 0 と書くことも多い）．

とくに，2 次元のベクトル $\vec{A} = (A_x, A_y)$ のとき，$\vec{A}$ と x 軸とのなす角を θ とすると，

$$A = |\vec{A}| = \sqrt{A_x^2 + A_y^2}, \quad A_x = A \cos\theta, \quad A_y = A \sin\theta$$

$$\tan\theta = \frac{A_y}{A_x}$$

の関係が成り立っている（図1.3）.

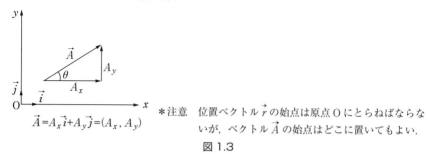

＊注意　位置ベクトル$\vec{r}$の始点は原点Oにとらねばならないが，ベクトル$\vec{A}$の始点はどこに置いてもよい.

図1.3

1.4　ベクトルの和

2つのベクトル$\vec{A}$と$\vec{B}$の和$\vec{A}+\vec{B}$を図的に求めるには，(1)平行四辺形の方法と(2)三角形の方法がある.

(1)は，$\vec{A}$と$\vec{B}$をとなりあう2辺とする平行四辺形の対角線として求める（図1.4(a)）.

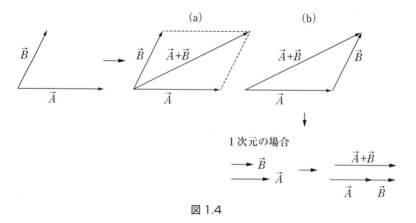

図1.4

(2)は，$\vec{B}$を平行移動させて$\vec{B}$の始点を$\vec{A}$の終点に合わせ，$\vec{A}$の始点から$\vec{B}$の終点を結ぶ矢印として求める（図1.4(b)）. $\vec{C}=\vec{A}+\vec{B}$を求める三角形の方法は，「tail(尾)-to-tip(先端)法」といい，多角形の方法へ拡張できる. 各々のベクトルの尾(始点)を前のベクトルの先端(終点)に合わせていって，始めのベクトルの尾から最後のベクトルの先端へ矢印を

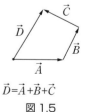

図1.5

引いて求める．ベクトルの和 $\vec{D}=\vec{A}+\vec{B}+\vec{C}$ の場合，$\vec{B}$ の tail を $\vec{A}$ の tip に，$\vec{C}$ の tail を $\vec{B}$ の tip につなぎ，最後に $\vec{A}$ の tail から $\vec{C}$ の tip に矢印を引く（図1.5）．

図的に $\vec{C}$ や $\vec{D}$ を求める方法は見やすいが3次元になると難しい．成分表示の方法は正確な上にどんなベクトルに対しても応用がきく．

■成分により $\vec{C}$ を求める方法

$\vec{A} = (A_x, A_y, A_z)$，$\vec{B} = (B_x, B_y, B_z)$ が与えられたとき，ベクトルの和 $\vec{C} = \vec{A} + \vec{B}$ をそれぞれ成分表示する．

$$\vec{C} = \vec{A} + \vec{B} \rightarrow (C_x, C_y, C_z) = (A_x, A_y, A_z) + (B_x, B_y, B_z)$$

これから，

$$C_x = A_x + B_x, \quad C_y = A_y + B_y, \quad C_z = A_z + B_z$$

が導かれる．2次元の場合を図1.6に示す．$\vec{D}$ やそれ以上の多角形の場合も同様の方法を適用するとよい．

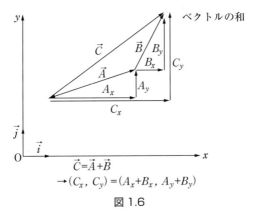

図1.6

1.5 ベクトルの差

$\vec{A}$ と $\vec{B}$ の差は $\vec{B}$ と逆のベクトル $-\vec{B}$ との和と考え，

$$\vec{A} - \vec{B} = \vec{A} + (-\vec{B})$$

とし，$\vec{A}$ と $(-\vec{B})$ の和の合成法(1)と(2)で求める（図1.7(a), (b)）．差の場合，$\vec{B}$ の終点から $\vec{A}$ の終点を結ぶ矢印として求めてもよい（図1.7(c)）．

成分による方法は，$\vec{B}=(B_x, B_y, B_z)$とすると，
$-\vec{B}=(-B_x, -B_y, -B_z)$として和の式を適用すればよい．

$$\vec{A}-\vec{B}=(A_x-B_x, A_y-B_y, A_z-B_z)$$

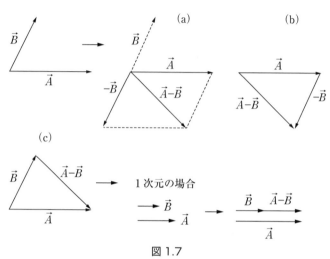

図1.7

■変位

時刻 t における位置ベクトル $\vec{r_1}$ の点 P_1 が，時刻 $t+\Delta t$ のとき位置ベクトル $\vec{r_2}$ の点 P_2 に移動したとき，位置の変化 $\Delta\vec{r}=\vec{r_2}-\vec{r_1}$ を変位という（図1.8）．成分表示で，$\vec{r_2}=(x_2, y_2, z_2)$，$\vec{r_1}=(x_1, y_1, z_1)$ と表されるとき

$$\Delta\vec{r}=(\Delta x, \Delta y, \Delta z)$$
$$(\Delta x=x_2-x_1, \Delta y=y_2-y_1, \Delta z=z_2-z_1)$$

と書ける．微小変位 $d\vec{r}$ は，

$$d\vec{r}=(dx, dy, dz)$$

と表される．

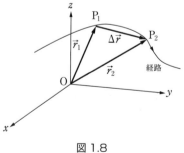

図1.8

1.6 スカラー積（内積）

■スカラー積（内積）

ベクトル $\vec{A}$ と $\vec{B}$ のなす角が θ のとき，スカラー積 $\vec{A}\cdot\vec{B}$ を

$$\vec{A}\cdot\vec{B} = AB\cos\theta \;(\text{図 1.9})$$

で定義する．

スカラー積は $\vec{A}$ の $\vec{B}$ 方向の成分 $A\cos\theta$ と B との積と見ることも，$\vec{B}$ の $\vec{A}$ 方向の成分 $B\cos\theta$ と A との積と見ることもできる．

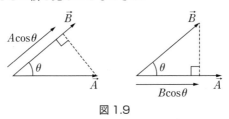

図 1.9

■スカラー積の性質

$$\vec{A}\cdot\vec{B} = \vec{B}\cdot\vec{A}, \quad \vec{A}\cdot\vec{B} = 0 \,(\theta=\pi/2), \quad \vec{A}\cdot\vec{B} = AB \,(\theta=0)$$

ベクトルの自分自身とのスカラー積は，

$$\vec{A}\cdot\vec{A} = A^2\cos 0 = A^2$$

となる．

$$\vec{A}\cdot(\vec{B}+\vec{C}) = \vec{A}\cdot\vec{B} + \vec{A}\cdot\vec{C}$$

単位ベクトルの間の関係

$$\vec{i}\cdot\vec{i} = \vec{j}\cdot\vec{j} = \vec{k}\cdot\vec{k} = 1, \quad \vec{i}\cdot\vec{j} = \vec{j}\cdot\vec{k} = \vec{k}\cdot\vec{i} = 0$$

■スカラー積の成分表示

$\vec{A}=(A_x, A_y, A_z), \vec{B}=(B_x, B_y, B_z)$ のスカラー積は単位ベクトルの性質を用いると，

$$\begin{aligned}\vec{A}\cdot\vec{B} &= (A_x\vec{i}+A_y\vec{j}+A_z\vec{k})\cdot(B_x\vec{i}+B_y\vec{j}+B_z\vec{k}) \\ &= A_xB_x\vec{i}\cdot\vec{i} + A_yB_y\vec{j}\cdot\vec{j} + A_zB_z\vec{k}\cdot\vec{k} + \cdots \\ &= A_xB_x + A_yB_y + A_zB_z\end{aligned}$$

となる．

1.7 ベクトル積(外積)

ベクトル $\vec{A}$ と $\vec{B}$ のベクトル積を $\vec{A} \times \vec{B}$ で定義する.
これを $\vec{C}$ と書くと,

$$\vec{C} = \vec{A} \times \vec{B}$$

と表される. $\vec{A}$ と $\vec{B}$ とのなす角を θ とするとその大きさは,

$$C = |\vec{C}| = |\vec{A}||\vec{B}| \sin\theta = AB \sin\theta$$

で,向きは $\vec{A}$, $\vec{B}$ を含む平面に垂直で,$\vec{A}$ から $\vec{B}$ の向きに右ねじをまわすとき,ねじの進む向きである. C は $\vec{A}$, $\vec{B}$ がつくる平行四辺形の面積に等しい(図1.10).

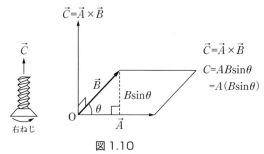

図 1.10

■ベクトル積の性質

$$\vec{A} \times \vec{B} = -\vec{B} \times \vec{A}$$

$\vec{A} // \vec{B}$ のとき $(\theta = 0, \pi)$ $\vec{A} \times \vec{B} = \vec{0}$, とくに $\vec{A} \times \vec{A} = \vec{0}$
$\vec{A} \perp \vec{B}$ のとき $(\theta = \pi/2)$ $|\vec{A} \times \vec{B}| = AB$

$$\vec{A} \times (\vec{B} + \vec{C}) = \vec{A} \times \vec{B} + \vec{A} \times \vec{C}$$

■単位ベクトル間の関係

$$\vec{i} \times \vec{j} = \vec{k}, \quad \vec{j} \times \vec{k} = \vec{i}, \quad \vec{k} \times \vec{i} = \vec{j}$$
$$\vec{i} \times \vec{i} = \vec{j} \times \vec{j} = \vec{k} \times \vec{k} = \vec{0}$$

■ベクトル積の成分表示
$\vec{A} = (A_x, A_y, A_z)$, $\vec{B} = (B_x, B_y, B_z)$ のベクトル積は,

$$\begin{aligned}\vec{A} \times \vec{B} &= (A_x \vec{i} + A_y \vec{j} + A_z \vec{k}) \times (B_x \vec{i} + B_y \vec{j} + B_z \vec{k}) \\ &= (A_y B_z - A_z B_y)\vec{i} + (A_z B_x - A_x B_z)\vec{j} + (A_x B_y - A_y B_x)\vec{k} \\ &= \begin{vmatrix} \vec{i} & \vec{j} & \vec{k} \\ A_x & A_y & A_z \\ B_x & B_y & B_z \end{vmatrix}\end{aligned}$$

これから,$\vec{A} \times \vec{B}$ の成分表示は,

$$\vec{A} \times \vec{B} = (A_y B_z - A_z B_y, A_z B_x - A_x B_z, A_x B_y - A_y B_x)$$

と表される.

■ 行列(matrix)と行列式(determinant)
m 行 n 列の行列または $m \times n$ 行列は,

$$A = \begin{pmatrix} a_{11} & a_{12} & \cdots & a_{1n} \\ a_{21} & a_{22} & \cdots & a_{2n} \\ \vdots & \vdots & \ddots & \vdots \\ a_{m1} & a_{m2} & \cdots & a_{mn} \end{pmatrix} \begin{matrix} \leftarrow 1\,行 \\ \leftarrow 2\,行 \\ \vdots \\ \leftarrow m\,行 \end{matrix}$$

$$\uparrow \quad \uparrow \quad \quad \uparrow$$
$$1\,列 \quad 2\,列 \quad \cdots \quad n\,列$$

のように,m 個の行(row)と n 個の列(column)に mn 個の実数または複素数を長方形に並べてカッコをつけたものである.行列を構成する第 i 行と第 j 列の交わりにある a_{ij} を行列 A の ij 成分(要素)という.行と列の数が等しい行列を $n \times n$ 行列または n 次の正方行列という.n 次の正方行列に対応する n 次の行列式を A の行列式といい,

$$D = \det A = |A| = \begin{vmatrix} a_{11} & a_{12} & \cdots & a_{1n} \\ a_{21} & a_{22} & \cdots & a_{2n} \\ \vdots & \vdots & \ddots & \vdots \\ a_{n1} & a_{n2} & \cdots & a_{nn} \end{vmatrix}$$

のように表す.

2次と3次の行列式に限って,図1.11,1.12のようにたすきがけで行う計算法が

よく用いられる．これはサラスの展開として知られている．

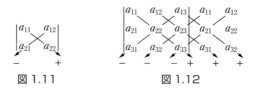
図1.11　　　　　　図1.12

この方法を用いると，2次の行列式の値は，

$$D = \begin{vmatrix} a_{11} & a_{12} \\ a_{21} & a_{22} \end{vmatrix} = a_{11}a_{22} - a_{12}a_{21}$$

3次の行列式の値は，

$$D = \begin{vmatrix} a_{11} & a_{12} & a_{13} \\ a_{21} & a_{22} & a_{23} \\ a_{31} & a_{32} & a_{33} \end{vmatrix} = a_{11}a_{22}a_{33} + a_{12}a_{23}a_{31} + a_{13}a_{21}a_{32} - a_{13}a_{22}a_{31} - a_{11}a_{23}a_{32} - a_{12}a_{21}a_{33}$$

で求められる．

たとえば，

$$\begin{vmatrix} 1 & -1 & 0 \\ 2 & 3 & -2 \\ 1 & -1 & 1 \end{vmatrix} = 3 + 2 + 0 - 0 - 2 + 2 = 5$$

となる．

■スカラー3重積

3つのベクトル $\vec{A}, \vec{B}, \vec{C}$ に対して，

$$\vec{A} \cdot (\vec{B} \times \vec{C}) = \vec{B} \cdot (\vec{C} \times \vec{A}) = \vec{C} \cdot (\vec{A} \times \vec{B})$$

が成り立つ．これをスカラー3重積という．

$\vec{C} \cdot (\vec{A} \times \vec{B})$ について考える．

ベクトル積 $\vec{A} \times \vec{B}$ は行列式を用いると，

$$\vec{A} \times \vec{B} = \begin{vmatrix} \vec{i} & \vec{j} & \vec{k} \\ A_x & A_y & A_z \\ B_x & B_y & B_z \end{vmatrix}$$

と表される．これと$\vec{C}$とのスカラー積をとると，

$$\vec{C} \cdot (\vec{A} \times \vec{B}) = \begin{vmatrix} C_x & C_y & C_z \\ A_x & A_y & A_z \\ B_x & B_y & B_z \end{vmatrix}$$

と表される．ここで行列式の各行を循環的に入れかえても，値は変わらない．したがって与式が成り立つ．図的に説明することもできる．

図1.13のように，ベクトル$\vec{A}$, $\vec{B}$, $\vec{C}$がそれぞれx, y, z軸を向いている場合を考える．

$\vec{C} \cdot (\vec{A} \times \vec{B})$について，$\vec{A} \times \vec{B}$の向きは$+z$方向で，大きさは$AB \sin 90° = AB$の長方形の面積$S$となり，これと$\vec{C}$とのスカラー積をとると$C \cdot AB \cos 0 = CS$になる．これは直方体の体積$V = CS$に等しくなる．他の$\vec{A} \cdot (\vec{B} \times \vec{C})$, $\vec{B} \cdot (\vec{C} \times \vec{A})$もすべて$V$に等しいことがわかる．一般の場合は，$\vec{A}$と$\vec{B}$から作られる平行四辺形の面積を$S'$, $\vec{C}$と$\vec{A} \times \vec{B}$とのなす角をθとすると，長方形→平行四辺形，直方体→平行6面体，$CS \to CS' \cos \theta$に変更すればそのまま成り立つことが示される．

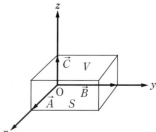

図1.13

■ベクトル3重積

3つのベクトル$\vec{A}$, $\vec{B}$, $\vec{C}$に対して，

$$\vec{A} \times (\vec{B} \times \vec{C}) = \vec{B}(\vec{A} \cdot \vec{C}) - \vec{C}(\vec{A} \cdot \vec{B})$$

が成り立つ．これをベクトル3重積という．

$$\begin{aligned}
\text{左辺の}x\text{成分} &= A_y(\vec{B} \times \vec{C})_z - A_z(\vec{B} \times \vec{C})_y \\
&= A_y(B_x C_y - B_y C_x) - A_z(B_z C_x - B_x C_z) \\
&= B_x(A_y C_y + A_z C_z) - C_x(A_y B_y + A_z B_z) \\
&= B_x(A_x C_x + A_y C_y + A_z C_z - A_x C_x) - C_x(A_x B_x + A_y B_y + A_z B_z - A_x B_x) \\
&= B_x(\vec{A} \cdot \vec{C}) - C_x(\vec{A} \cdot \vec{B}) = \text{右辺の}x\text{成分}
\end{aligned}$$

同様にしてy, z成分についても成り立つ．

1.8 ベクトルの問題演習

例題 1.1　ベクトル $\vec{a}, \vec{b}, \vec{c}, \vec{d}$ が図 1.14 のように与えられているとき,
(1) 各ベクトルを成分表示で示せ.
(2) $3\vec{a}, |3\vec{a}|, -\vec{a}$ を求めよ.
(3) $\vec{a}+\vec{b}, \vec{a}-\vec{b}, |\vec{a}+\vec{b}|, a+b$ を求めよ.

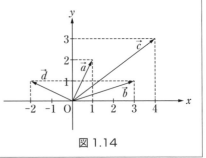

図 1.14

解　(1) $\vec{a}=(1,2), \vec{b}=(3,1), \vec{c}=(4,3), \vec{d}=(-2,1)$
(2) $3\vec{a}=3(1,2)=(3,6)$
$|3\vec{a}|=3|\vec{a}|=3\sqrt{1^2+2^2}=3\sqrt{5}$
$-\vec{a}=-(1,2)=(-1,-2)$
(3) $\vec{a}+\vec{b}=(1+3, 2+1)=(4,3)=\vec{c}$
$\vec{a}-\vec{b}=(1-3, 2-1)=(-2,1)=\vec{d}$
$|\vec{a}+\vec{b}|=\sqrt{4^2+3^2}=5$
$a+b=|\vec{a}|+|\vec{b}|=\sqrt{1^2+2^2}+\sqrt{3^2+1^2}=\sqrt{5}+\sqrt{10}$

例題 1.2　$\vec{a}=(3,4)$ のとき,
(1) $\vec{a}$ と同じ向きの単位ベクトル $\vec{e_a}$ を求めよ.
(2) $\vec{a}$ と反対向きで, 大きさが 3 のベクトル $\vec{b}$ を求めよ.

解　(1) $a=|\vec{a}|=\sqrt{3^2+4^2}=5$
$\vec{e_a}=\dfrac{\vec{a}}{a}=\dfrac{1}{5}(3,4)=\left(\dfrac{3}{5}, \dfrac{4}{5}\right)$
(2) $\vec{b}=-3\vec{e_a}=-3\left(\dfrac{3}{5}, \dfrac{4}{5}\right)=\left(-\dfrac{9}{5}, -\dfrac{12}{5}\right)$

> **例題 1.3** $\vec{a}=(-1,0,1),\ \vec{b}=(2,3,2)$ のとき,スカラー積 $(\vec{a}+\vec{b})\cdot(\vec{a}-\vec{b})$ を求めよ.

解
$\vec{a}+\vec{b}=(-1,0,1)+(2,3,2)=(1,3,3)$
$\vec{a}-\vec{b}=(-1,0,1)-(2,3,2)=(-3,-3,-1)$
$(\vec{a}+\vec{b})\cdot(\vec{a}-\vec{b})=(1,3,3)\cdot(-3,-3,-1)$
$\qquad\qquad\qquad\quad = 1\times(-3)+3\times(-3)+3\times(-1)=-15$

> **例題 1.4** $\vec{a}=(-1,0,1)$ と $\vec{b}=(-1,-2,2)$ のスカラー積を求めよ.また $\vec{a}$ と $\vec{b}$ とのなす角 θ を求めよ.

解 $\vec{a}\cdot\vec{b}=(-1,0,1)\cdot(-1,-2,2)=(-1)\times(-1)+0\times(-2)+1\times2=3$
$a=|\vec{a}|=\sqrt{2},\ b=|\vec{b}|=\sqrt{9}=3$
よって,
$$\cos\theta=\frac{\vec{a}\cdot\vec{b}}{ab}=\frac{3}{3\sqrt{2}}=\frac{1}{\sqrt{2}}$$
$\therefore\ \theta=45°$

> **例題 1.5** $\vec{a}=(1,-3,2),\ \vec{b}=(3,2,-1)$ のとき,ベクトル積 $\vec{c}=\vec{a}\times\vec{b}$ を求めよ.
> また $c=|\vec{c}|$ を求めよ.

解 $\vec{c}=\vec{a}\times\vec{b}=(1,-3,2)\times(3,2,-1)$
$\quad =\{(-3)\times(-1)-2\times2,\ 2\times3-1\times(-1),\ 1\times2-(-3)\times3\}=(-1,7,11)$
$c=|\vec{c}|=\sqrt{(-1)^2+7^2+11^2}=\sqrt{171}$

例題 1.6 図 1.15 のように,半径 r の円周上を物体が,x 軸とのなす角がそれぞれ $60°$,$30°$ の点 P_1 から点 P_2 まで動いた場合を考える.点 P_1,点 P_2 にある物体の位置ベクトル $\vec{r_1}$,$\vec{r_2}$ を成分表示せよ.また,変位 $\Delta \vec{r} = \vec{r_2} - \vec{r_1}$ を求めよ.

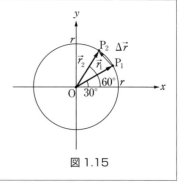

図 1.15

解 $\vec{r_1} = \left(\dfrac{\sqrt{3}}{2}r, \dfrac{1}{2}r\right)$,$\vec{r_2} = \left(\dfrac{1}{2}r, \dfrac{\sqrt{3}}{2}r\right)$,$\Delta \vec{r} = (\vec{r_2} - \vec{r_1}) = \left(\dfrac{1}{2}(1-\sqrt{3})r, \dfrac{1}{2}(\sqrt{3}-1)r\right)$

例題 1.7 xy 平面上にベクトル $\vec{A}$,$\vec{B}$ がある.$|\vec{A}| = 2$,$|\vec{B}| = 4$ で,$\vec{A}$,$\vec{B}$ が x 軸となす角はそれぞれ $30°$,$60°$ である.ベクトル積 $\vec{C} = \vec{A} \times \vec{B}$ の大きさと向きを求めよ.

解
　図的には,$\vec{C}$ の向きは右ねじを $\vec{A} \to \vec{B}$ の向きにまわすとき右ねじの進む向きは $+z$ 方向である.大きさはとなりあう 2 辺 $\vec{A}$,$\vec{B}$ がつくる平行四辺形の面積の大きさである.$\vec{A}$ と $\vec{B}$ のなす角は $30°$ なので,

$AB \sin 30° = 2 \times 4 \times \dfrac{1}{2} = 4$ となる(図 1.16).

成分表示では,
$\vec{A} = (2\cos 30°, 2\sin 30°, 0) = (\sqrt{3}, 1, 0)$
$\vec{B} = (4\cos 60°, 4\sin 60°, 0) = (2, 2\sqrt{3}, 0)$
であるから
$\vec{C} = (A_y B_z - A_z B_y, A_z B_x - A_x B_z, A_x B_y - A_y B_x)$
　 $= (0, 0, 4)$
∴　$C_x = C_y = 0$,$C = |\vec{C}| = C_z = 4$,向きは $+z$ 方向である.

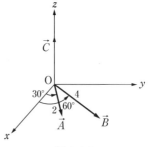

図 1.16

1 ベクトルとスカラー

例題 1.8 x, y 平面内にある点 P の位置ベクトル $\vec{r}$ が $+x$ 方向と ϕ の角をなし，その単位ベクトルを $\vec{e_r}$ とする．$\vec{e_r}$ に直角で反時計回りの向きの単位ベクトルを $\vec{e_\phi}$ とするとき，$\vec{e_r}$ と $\vec{e_\phi}$ を x, y 方向の単位ベクトル $\vec{i}, \vec{j}$ で表せ．

解 図 1.17 に示すように，
$\vec{e_r} = \cos\phi \vec{i} + \sin\phi \vec{j} = (\cos\phi, \sin\phi)$
$\vec{e_\phi} = -\sin\phi \vec{i} + \cos\phi \vec{j} = (-\sin\phi, \cos\phi)$
$\vec{i}, \vec{j}$ はつねに一定だが，$\vec{e_r}$ と $\vec{e_\phi}$ はともに ϕ のみの関数になる．したがって，点 P が時間的に変化するときは $\phi, \vec{e_r}, \vec{e_\phi}$ ともに時間 t の関数になる．

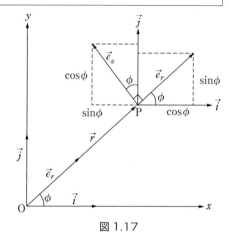

図 1.17

発展

問 点 P が半径 r，角速度 ω で等速円運動しているとき，$\vec{e_r}, \vec{e_\phi}$ の時間的変化を調べよ．

解
$\dot{\vec{e_r}} = -\sin\phi \cdot \dot{\phi}\vec{i} + \cos\phi \cdot \dot{\phi}\vec{j}$
$\quad = (-\sin\phi\vec{i} + \cos\phi\vec{j})\dot{\phi} = \dot{\phi}\vec{e_\phi}$
$\dot{\vec{e_\phi}} = -\cos\phi \cdot \dot{\phi}\vec{i} - \sin\phi \cdot \dot{\phi}\vec{j} = -\dot{\phi}\vec{e_r}$

これを用いると，点 P が等速円運動をしているとき，
$\vec{r} = r\vec{e_r} \quad (r = \text{一定})$

と書ける．速度 $\vec{v}$ は $\dot{r} = 0$，$\dot{\phi} = \dfrac{d\phi}{dt} = \omega$（角速度）に注意すると，
$\vec{v} = \dot{\vec{r}} = \dot{r}\vec{e_r} + r\dot{\vec{e_r}} = \dot{r}\vec{e_r} + r\dot{\phi}\vec{e_\phi} = r\dot{\phi}\vec{e_\phi} = r\omega\vec{e_\phi}$
$\vec{v}$ の向きは $\vec{e_\phi}$（円の接線方向）で大きさは，
$v = r\dot{\phi} = r\omega$
となる．
加速度は，
$\vec{a} = \dot{\vec{v}} = r\ddot{\phi}\vec{e_\phi} + r\dot{\phi}(-\dot{\phi}\vec{e_r}) = -r\dot{\phi}^2\vec{e_r} = -r\omega^2\vec{e_r}$
となる．

2　速度と加速度

　　自動車や電車はそれらの速さや方向（水平方向とか
　　鉛直方向とかのように1つの直線を表す）や向き
　　（その方向のうち右とか左とかどちらを向くかを表す）が
　　時間とともに絶えず変化して位置を変えている．
　　このような運動はそれらの速度や加速度が
　　どう変わっていくかが数式で表されると
　　運動の様子がわかる．
　　速度や加速度はベクトル量である．
　　ベクトルとその成分表示により平面内(2次元)運動や
　　空間を動きまわる(3次元)運動の理解が容易になる．

2.1 速度

物体の時刻 t での位置ベクトルが $\vec{r}(t) = (x(t), y(t), z(t))$ で表されるものとする. 時刻 t のとき $\vec{r}(t)$ の位置 P にある物体が時刻 $t+\Delta t$ に $\vec{r}(t+\Delta t)$ の位置 P′ に移動したとき PP′ 間の変位は $\Delta \vec{r} = \vec{r}(t+\Delta t) - \vec{r}(t)$ である.

この時間間隔 Δt の間の平均の速度 $\vec{v}$ は,

$$\vec{v} = \frac{\Delta \vec{r}}{\Delta t}$$

となる. $\vec{v}$ の向きは $\Delta \vec{r}$ の向きと一致する. $\Delta t \to 0$ の極限をとると $\Delta \vec{r}$ は時刻 t における経路の接線の向きに近づく. この極限値

$$\vec{v}(t) = \lim_{\Delta t \to 0} \frac{\Delta \vec{r}}{\Delta t} = \frac{d\vec{r}}{dt}$$

を P(時刻 t) での(瞬間の)速度という(図 2.1).

$\vec{v}$ の成分表示は,

$$\vec{v} = (v_x, v_y, v_z) = \frac{d\vec{r}}{dt} = \left(\frac{dx}{dt}, \frac{dy}{dt}, \frac{dz}{dt}\right)$$

より,

$$v_x = \frac{dx}{dt}, \quad v_y = \frac{dy}{dt}, \quad v_z = \frac{dz}{dt}$$

で与えられる.

$\vec{v}$ の大きさ(速さ)は,

$$v = |\vec{v}| = \sqrt{v_x^2 + v_y^2 + v_z^2}$$

となる.

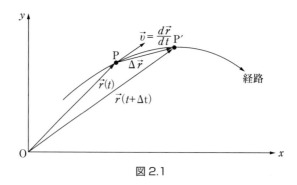

図 2.1

2.2 速度の合成

直線 (x 軸) 上を速度 v_1 で走っている電車の中を，電車に対して速度 v_2 で人が歩いているとする．このとき，地面に静止している人から見た電車内を歩く人の速度を v とすると，

$$v = v_1 + v_2$$

である (図 2.2)．速度は正の向きなら正，負の向きなら負の符号をつけるものとする．ただし，$+x$ 方向 (x 軸の正の向き) を正の向きとし，$-x$ 方向 (x 軸の負の向き) を負の向きとする．

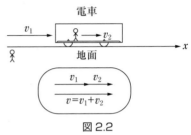

図 2.2

■2 次元の場合で考えてみよう

xy 座標系 (S 系とよぶ) に対し，$\vec{v}_1$ で動いている $x'y'$ 座標系 (S′ 系とよぶ) を考える．S′ 系内を $\vec{v}_2$ で動いている物体 P を S 系で見ると，

$$\vec{v} = \vec{v}_1 + \vec{v}_2$$

で動いているように見える．$\vec{v}$ を $\vec{v}_1$ と $\vec{v}_2$ の合成速度という (図 2.3)．速度 $\vec{v}_1$ で運動している電車 (S′ 系) の中で，ボールを速度 $\vec{v}_2$ で動かせば，地上 (S 系) から見たボールの速度は $\vec{v} = \vec{v}_1 + \vec{v}_2$ となる．

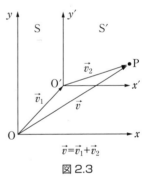

図 2.3

例題 2.1

流水の速さ $v_1 = 5$ m/s の川を静水中での速さ $v_2 = 10$ m/s のボートが，ボートの向きを川岸に直角に保って川岸の一点 A からこぎ出すとき，
(1) 川岸に対するボートの速度 $\vec{v}$ を求めよ．
(2) ボートは川岸に直角な方向から角 θ だけ川下の AB′ の方向に進む．$\tan\theta$ の値を求めよ．
(3) ボートが川岸に直角な直線 AB に沿って進むためには，ボートの向きを AB より角 θ' だけ川上に向けてこげばよい．$\sin\theta'$ の値を求めよ．

解

(1) v_1 と v_2 をベクトル化し, $\vec{v} = \vec{v_1} + \vec{v_2}$ で求める (図 2.4).

$$v = \sqrt{v_1^2 + v_2^2} = \sqrt{5^2 + 10^2} = 5\sqrt{5} \text{ m/s} (= 11.2 \text{ m/s})$$

(2) $\vec{v}$ と AB とのなす角を θ とすると,

$$\tan\theta = \frac{v_1}{v_2} = \frac{5}{10} = 0.5$$

となる.

$\vec{v}$ の大きさは $5\sqrt{5}$ m/s で, 向きは $\tan\theta = 0.5$ となる角 θ の向き.

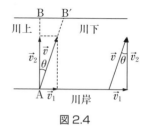

図 2.4

(3) AB から角 θ' だけ川上の方向に向けてこぎ出したとき, 川岸から見たボートの速度 $\vec{v'}$ の向きが AB の方向になればよい (図 2.5).

$$\vec{v'} = \vec{v_1} + \vec{v_2}$$

$$v' = \sqrt{v_2^2 - v_1^2} = \sqrt{10^2 - 5^2} = \sqrt{75} = 5\sqrt{3} \quad (= 8.7 \text{ m/s})$$

$$\sin\theta' = \frac{v_1}{v_2} = \frac{5}{10} = 0.5, \quad \theta' = 30°$$

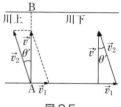

図 2.5

2.3 相対速度

直線道路を自動車 A とバイク B が同じ向きにそれぞれ 10 m/s, 15 m/s の速さで走行している. このとき, 自動車に乗っている人からバイクを見ると, バイクは速さ 5 m/s で前方へ向かって進んでいくように見える. 一般に, 速度 $\vec{v_A}$ で動いている観測者 A が速度 $\vec{v_B}$ で動いている物体 B を見たときの速度 $\vec{v_{BA}}$ は次式で表される.

$$\vec{v_{BA}} = \vec{v_B} - \vec{v_A}$$

この速度を A に対する B の相対速度という (図 2.6).

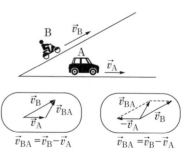

図 2.6

例題 2.2
　東西方向に通じる道路の真下を南北に通じる道路が交差している．東に向かって 80 km/h の速さで自動車 A が進むとき，ちょうど真下を北に向かって 80 km/h の速さで自動車 B が通りすぎた．自動車 A から見た自動車 B の相対速度を求めよ．

解
　x, y 軸を図 2.7 のようにとる．A の速度は $\vec{v}_A = (80, 0)$，B の速度は $\vec{v}_B = (0, 80)$ となる．
　A に対する B の相対速度は，

$$\vec{v}_{BA} = \vec{v}_B - \vec{v}_A = (0, 80) - (80, 0) = (-80, 80)$$

となる．$\vec{v}_{BA}$ の大きさ（遠ざかる速さ）は，

$$v_{BA} = \sqrt{80^2 + 80^2} = \sqrt{80^2(1+1)} = 80\sqrt{2} \text{ (km/h)}$$

$\vec{v}_{BA}$ の向きは，AB と x 軸とのなす角を θ とすると，

$$\tan \theta = \frac{80}{-80} = -1$$

$$\theta = 135°$$

である．
　図的には，$\vec{v}_A$ の終点から $\vec{v}_B$ の終点を結んだ $\vec{v}_{BA}$ が求めるものである．

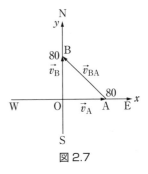

図 2.7

例題 2.3
　雨が鉛直に速さ $v_B = 10$ m/s で降っている．水平方向に速さ $v_A = 10\sqrt{3}$ m/s で走っている電車の窓から見ると，雨はどのように降って見えるか，電車から見た雨の速さ v_{BA} と，雨が鉛直方向となす角 θ を求めよ．

解
　電車から見た雨（雨滴）の相対速度 $\vec{v}_{BA}$ は，雨の速度を $\vec{v}_B$，電車の速度を $\vec{v}_A$ とすると，

$$\vec{v}_{BA} = \vec{v}_B - \vec{v}_A$$

となる（図 2.8）．

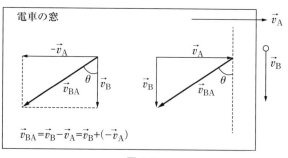

図 2.8

$\vec{v}_{\mathrm{BA}}$ の大きさ v_{BA} は,

$$v_{\mathrm{BA}} = \sqrt{v_{\mathrm{A}}^2 + v_{\mathrm{B}}^2} = \sqrt{(10\sqrt{3})^2 + 10^2} = \sqrt{10^2(3+1)} = 20\,\mathrm{m/s}$$

$\vec{v}_{\mathrm{BA}}$ が鉛直方向となす角 θ は,

$$\tan\theta = \frac{v_{\mathrm{A}}}{v_{\mathrm{B}}} = \frac{10\sqrt{3}}{10} = \sqrt{3}$$

$$\therefore\quad \theta = 60°$$

2.4 加速度

図 2.9 のように時刻 t における点 P での速度 $\vec{v}(t)$ が,時刻 $t+\Delta t$ に点 P′ での速度 $\vec{v}(t+\Delta t)$ に変化したとする.この間の速度の変化は,

$$\Delta\vec{v} = \vec{v}(t+\Delta t) - \vec{v}(t)$$

である.この間の平均の加速度は,

$$\vec{a} = \frac{\Delta\vec{v}}{\Delta t}$$

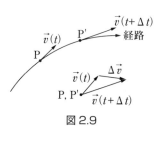

図 2.9

で表される.この向きは $\Delta\vec{v}$ の向きと一致する.Δt を限りなく 0 に近づけたときの $\vec{a}$ の極限値を点 P (時刻 t) における (瞬間の) 加速度という.

$$\vec{a} = \lim_{\Delta t \to 0} \frac{\Delta\vec{v}}{\Delta t} = \frac{d\vec{v}}{dt}$$

$\vec{v}$ を t で微分すると $\vec{a}$ になることを表す.

$\vec{v} = \dfrac{d\vec{r}}{dt}$ を代入すると,

2 速度と加速度

$$\vec{a} = \frac{d\vec{v}}{dt} = \frac{d}{dt}\left(\frac{d\vec{r}}{dt}\right) = \frac{d^2\vec{r}}{dt^2}$$

$\vec{v}$ は $\vec{r}$ の1次導関数であり,$\vec{a}$ は $\vec{r}$ の2次導関数であることを表している.$\vec{a}$ の単位は m/s² である.

$\vec{a}$ の成分表示は,

$$\vec{a} = (a_x, a_y, a_z) = \frac{d^2\vec{r}}{dt^2} = \left(\frac{d^2x}{dt^2}, \frac{d^2y}{dt^2}, \frac{d^2z}{dt^2}\right)$$

より,

$$a_x = \frac{d^2x}{dt^2},\ a_y = \frac{d^2y}{dt^2},\ a_z = \frac{d^2z}{dt^2}$$

となる.$\vec{a}$ の大きさは,

$$a = |\vec{a}| = \sqrt{a_x^2 + a_y^2 + a_z^2}$$

である.

■相対速度と相対加速度

物体 A が速度 $\vec{v}_A$ で運動し,さらに物体 B が速度 $\vec{v}_B$ で運動しているとき,A から見た B の速度 $\vec{v}_{BA}$ を A に対する B の相対速度といい,次のように表された.

$$\vec{v}_{BA} = \vec{v}_B - \vec{v}_A$$

同様に,A,B の加速度をそれぞれ $\vec{a}_A$,$\vec{a}_B$ とすると,A に対する B の相対加速度 $\vec{a}_{BA}$ は次のように表される.

$$\vec{a}_{BA} = \vec{a}_B - \vec{a}_A$$

例題 2.4

図 2.10 に示すように,加速度 $\vec{a}_A$ で上昇しているエレベーター内の定滑車にかけた糸につりさげた小球 A,B を静かにはなすと,小球 A は加速度 $\vec{a}_1$ で下降し,小球 B は加速度 $\vec{a}_2$ で上昇した.

A,B の地面に対する加速度 $\vec{a}_{B1}$,$\vec{a}_{B2}$ と $\vec{a}_A$ との間に成り立つ関係式を求めよ.

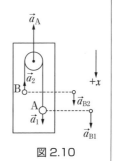

図 2.10

解

　エレベーター内での加速度 $\vec{a}_1$, $\vec{a}_2$ はそれぞれ A,B の相対加速度である．糸の長さが一定なので束縛条件 $\vec{a}_1 + \vec{a}_2 = \vec{0}$ が成り立つ．

　相対加速度の定義から，

$$\text{A}: \vec{a}_1 = \vec{a}_{B1} - \vec{a}_A \quad \text{①}$$

$$\text{B}: \vec{a}_2 = \vec{a}_{B2} - \vec{a}_A \quad \text{②}$$

が成り立つ．これから，

$$\vec{a}_{B1} + \vec{a}_{B2} - 2\vec{a}_A = \vec{0} \quad \text{③}$$

の関係がえられる．

鉛直下向きを $+x$ 軸にとると，
$a_1 = |-a_2| = a$ として，

$$a_1 = a = a_{B1} - a_A$$

$$a_2 = -a = a_{B2} - a_A$$

が成り立つ．

　たとえば，

$$a_A = -\frac{1}{7}g, \quad a = \frac{4}{7}g \ (g \text{ は重力加速度の大きさを表す定数})$$

とわかっているとき，

$$a_{B1} = \frac{3}{7}g, \quad a_{B2} = -\frac{5}{7}g$$

と求まる．

2 速度と加速度

例題 2.5

x 軸上を運動するある物体の速度が $v(t) = 2t - t^2$ で与えられるとする.
(1) 加速度 $a(t)$ を求めよ.
(2) 時刻 t での物体の位置 $x(t)$ を求めよ.
(3) $t = 2$ s での位置 $x(2)$ と, $t = 0$ s から $t = 2$ s までの移動距離 s_2 を求めよ.
(4) $t = 3$ s での位置 $x(3)$ と, $t = 0$ s から $t = 3$ s までの移動距離 s_3 を求めよ.
(5) $t = 0$ s から $t = 3$ s までの平均の速さ $\bar{v}_{sp}$ と平均の速度 $\bar{v}$ を求めよ.

ただし, 時刻 $t = 0$ での位置 $x(0) = 0$ とする. また, 時刻 t の単位は [s], 位置 x の単位は [m] とする.

解 v-t グラフは図 2.11(a) のようになる.

(1) $a(t) = \dfrac{dv(t)}{dt} = 2 - 2t$ [m/s^2]

(2) $x(t) = \int v(t) dt = \int (2t - t^2) dt = t^2 - \dfrac{1}{3}t^3 + C$

$t = 0$ で $x(0) = 0$ より $C = 0$.

∴ $x(t) = t^2 - \dfrac{1}{3}t^3$ [m]

x-t グラフは図 2.11(b) のようになる.

(3) $x(2) = \dfrac{4}{3}$ [m] (S_A の面積)

$s_2 = \int_0^2 (2t - t^2) dt = \dfrac{4}{3}$ [m] (S_A の面積)

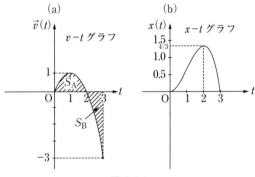

図 2.11

(4) $x(3) = 0$ [m] （$S_A - S_B$ の面積）

$s_3 = \int_0^2 (2t - t^2) dt + \left| \int_2^3 (2t - t^2) dt \right| = \dfrac{4}{3} + \dfrac{4}{3} = \dfrac{8}{3}$ [m] （$S_A + S_B$ の面積）

(5) $\bar{v}_{sp} = \dfrac{\Delta s}{\Delta t} = \dfrac{s_3}{3} = \dfrac{8}{9}$ [m/s]

$\bar{v} = \dfrac{\Delta x}{\Delta t} = \dfrac{x(3) - x(0)}{3} = 0$ [m/s]

> **問** 例題 2.5 において変域 $0 \leq t \leq 3$ における物体の移動距離 $s(t)$ を求めよ．

解

$0 \leq t \leq 2$ では $v(t) \geq 0$ なので $x(t) = s(t)$，$t = 2$ で $v(2) = 0$ となりその後 $t = 3$ まで $v(t) < 0$．よって物体の位置 $x(t)$ は $t = 2$ を境に U ターンしてもとの位置 $x(0) = 0$ に向かうので減少するが，$s(t)$ は $t = 2$ 以後も $-x$ 方向へ進む距離も含むので増加する．

$0 \leq t \leq 2$　$s(t) = x(t) = t^2 - \dfrac{1}{3}t^3$

$2 \leq t \leq 3$　$s(t) = s(2) + \int_2^t |v(t)| dt = \dfrac{4}{3} + \int_2^t (t^2 - 2t) dt$

$= \dfrac{1}{3}t^3 - t^2 + \dfrac{8}{3}$

図示すると図 2.12 のようになる．

これからも $s_3 = s(3) = \dfrac{8}{3}$ が求まる．

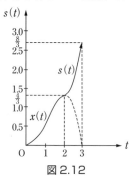

図 2.12

> **例題 2.6** 位置ベクトル $\vec{r} = (x, y) = (3t, -t^2 + t)$ で運動する物体がある．速さ v と加速度の大きさ a を求めよ．

解

$\vec{v} = \dfrac{d\vec{r}}{dt} = (3, -2t + 1)$

$\vec{a} = \dfrac{d\vec{v}}{dt} = (0, -2)$

$v = \sqrt{3^2 + (-2t + 1)^2} = \sqrt{4t^2 - 4t + 10}$

$a = \sqrt{0^2 + (-2)^2} = 2$

例題 2.7

位置ベクトル $\vec{r} = (r\cos\omega t, r\sin\omega t)$ (r, ω は定数)で運動する物体がある.
(1) 速度 $\vec{v}$ と加速度 $\vec{a}$ を求めよ.
(2) $\vec{a}$ と $\vec{r}$ の関係を求めよ.
(3) $\vec{r}$ と $\vec{v}$ は直交し, $\vec{a}$ と $\vec{r}$ は反平行(平行で逆向き)であることを示せ.

解

(1) $\vec{v} = \dfrac{d\vec{r}}{dt} = (-r\omega\sin\omega t, r\omega\cos\omega t)$

$v = |\vec{v}| = \sqrt{r^2\omega^2(\sin^2\omega t + \cos^2\omega t)} = r\omega$

$\vec{a} = \dfrac{d\vec{v}}{dt} = \dfrac{d^2\vec{r}}{dt^2} = (-r\omega^2\cos\omega t, -r\omega^2\sin\omega t)$

$a = |\vec{a}| = \sqrt{(r\omega^2)^2(\sin^2\omega t + \cos^2\omega t)} = r\omega^2$

(2) $\vec{a} = -\omega^2(r\cos\omega t, r\sin\omega t) = -\omega^2\vec{r}$

(3) $\vec{r}$ と $\vec{v}$ のスカラー積は,

$\vec{r} \cdot \vec{v} = xv_x + yv_y$

$= r\cos\omega t(-r\omega\sin\omega t) + r\sin\omega t(r\omega\cos\omega t)$

$= \sin\omega t\cos\omega t(-r^2\omega + r^2\omega) = 0$

∴ $\vec{r} \perp \vec{v}$

$\vec{a} \cdot \vec{r} = -\omega^2\vec{r} \cdot \vec{r} = -\omega^2 r^2$ (∵ $\vec{r} \cdot \vec{r} = r^2$)

$ar\cos\theta = -\omega^2 r^2$

$r\omega^2 \cdot r\cos\theta = -\omega^2 r^2$ (∵ $a = r\omega^2$)

$\cos\theta = -1 \rightarrow \theta = \pi$

∴ $\vec{a}$ と $\vec{r}$ は反平行

例題 2.8

位置ベクトル $\vec{r} = (x, 0) = (r\cos\omega t, 0)$ で運動している物体がある. (1)速度 v と加速度 a を求めよ. r, ω は定数である. (2) a と x の関係を導け.

解

(1) $x = r\cos\omega t$ を t で微分すると v が求まる．

$v = -r\omega \sin\omega t$

さらに t で微分すると a が求まる．

$a = \dfrac{dv}{dt} = \dfrac{d^2x}{dt^2} = -r\omega^2 \cos\omega t$

(2) $x = r\cos\omega t$

$a = -r\omega^2 \cos\omega t$

より $a = -\omega^2 x$

x-t，v-t，a-t グラフを図 2.13 に示す．

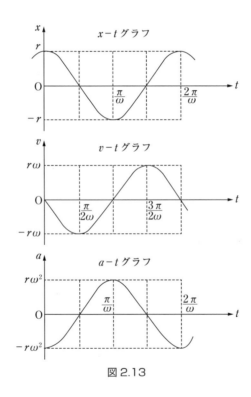

図 2.13

3　力の表し方

荷物を持ち上げたり，
飛んできたボールをうけとめたりするとき，
私たちは手ごたえで力を加えているか，
力を加えられているか感じている．
力は速度や加速度と同じようにベクトルである．
力の効果は大きさと方向や向きのほかに
力のはたらいている点（作用点）が重要になる．
いろいろな力の表し方とはたらき，作用・反作用の法則，
力の合成と分解，力のつりあいについて学ぶ．

3.1 力の表し方

　物体を変形させたり，物体の状態(速度など)を変えるはたらきをするものを力と呼んでいる．力は，速度や加速度と同じように，大きさと向きをもつベクトルである．力の大きさを F とすると，力のベクトルは記号 $\vec{F}$ で表される．

　力 $\vec{F}$ を図示する場合，ベクトルの始点を力のはたらいている点(力の作用点)にとり，力の大きさ F は作用点を通り，力の向きに，その大きさに比例した長さに描く．

　向きが反対の力は，$-\vec{F}$ のように負の符号をつけて表す．作用点を通り，力の方向に引いた直線を力の作用線という(図 3.1)．

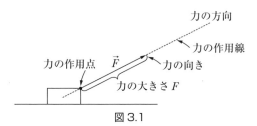

図 3.1

　力の単位は，「質量 m の物体に力 $\vec{F}$ が加えられたならば，その結果として加速度 $\vec{a}$ が生じる」という因果関係から決められる．kg·m/s^2 となるが，これをニュートン(記号 N)という．

3.2 力のつりあい

　1つの物体にいくつかの力がはたらいているのに，物体が静止したままのとき，物体にはたらく力はつりあっているという．

■2力のつりあい

　図 3.2 のように，物体に $\vec{F}_1$ と $\vec{F}_2$ の2力がはたらいてつりあっているとき，この2力は同一作用線上にあり，大きさが等しく向きが反対である．よって，

$$\vec{F}_1 + \vec{F}_2 = \vec{0}$$

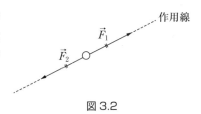

図 3.2

3 力の表し方

■3力のつりあい

物体に，$\vec{F_1}$, $\vec{F_2}$, $\vec{F_3}$の3力がはたらいてつりあっているとき，任意の2つの力の和が，残りの1つの力と2力のつりあいの条件を満たしている．たとえば任意の2つの力を$\vec{F_2}$, $\vec{F_3}$とすると図3.3(a)に示すように，$\vec{F_2}+\vec{F_3}$を平行四辺形の方法で求めた$\vec{F_4}$が$\vec{F_1}$とつりあっている．

したがって，

$$\vec{F_1}+\vec{F_4}=\vec{0}$$
$$\rightarrow \vec{F_1}+(\vec{F_2}+\vec{F_3})=\vec{0}$$

これから，

$$\vec{F_1}+\vec{F_2}+\vec{F_3}=\vec{0}$$

が成り立つことがわかる．ベクトル図的には三角形の方法で理解するのがよい．図3.3(b)のように$\vec{F_3}$の終点が$\vec{F_1}$の始点に一致し，閉じた三角形になっている．4つ以上の力がはたらく場合も同様にできる．

n個の力がはたらいているとき，つりあいの条件は，

$$\sum_{i}^{n}\vec{F_i}=\vec{0}$$

となる．

図的には，最後の力の終点がはじめの力の始点に一致し，閉じたn角形になることでわかる．

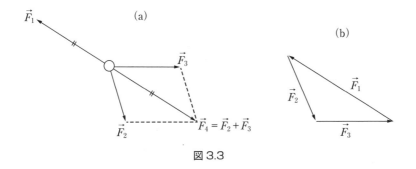

図3.3

3.3 力の合成と分解

一般に，物体にいくつかの力がはたらいているとき，これらの和を，

$$\vec{F} = \vec{F}_1 + \vec{F}_2 + \vec{F}_3 + \cdots$$

と書くとき,
$\vec{F}$ を $\vec{F}_1, \vec{F}_2, \vec{F}_3, \cdots$ の合力といい,合力を求めることを力の合成という.

n 個の力がはたらいているときの合力は,

$$\vec{F} = \sum_{i=1}^{n} \vec{F}_i$$

となる.つりあっているときは $\vec{F} = \vec{0}$ になる.

一方,1つの力を2つ以上の力に分けることを力の分解という.力の分解では,x, y 方向 ($x \perp y$) への2つの成分に分解すると都合がよいことが多い.

2次元の場合は,

$$\vec{F} = (F_x, F_y) = (F\cos\theta, F\sin\theta)$$

と書ける.x, y 方向と任意の x', y' 方向への分解を図3.4(a), (b)に示す.

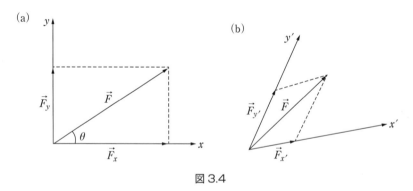

図 3.4

3.4 いろいろな力

■重力

地球上の物体は,すべて地球から鉛直下向き(地球の中心に向かう)の力 $\vec{F}$ を受けている.この力を重力という.重力は,質量を m,重力の加速度を $\vec{g}$ とすると,

$$\vec{F} = m\vec{g}$$

と表される.重力の大きさ $W = mg$ を物体の重さという.

3 力の表し方

■質量と質点

質量は,物体の動きにくさを表す.いわば物体の持つ慣性の大きさを表しているので慣性質量とよばれる.慣性とは,物体が運動状態をそのまま保とうとする性質である.物体の大きさが無視でき,質量が1点に集中していると考えた物体を質点という.大きさが無視できない物体でも,回転を考えなくてよいときは,物体の質量中心(重心)を質点とみなしてよい.質量 m の単位は kg である.

物体の質量は物質固有の量で,地球上にあっても,宇宙のどこにあっても変わることはないが,重さは重力加速度の大きさによるので場所によって異なる.たとえば,月面での重力加速度の大きさは地球上の約 1/6 なので,月面でも地球上でも同じ質量の物体の重さは月面上では地球上の約 1/6 になる.

例題 3.1

重力と万有引力との関係から,重力加速度の大きさは $g = 9.80 \text{ m/s}^2$ であることを示せ.

解

地上の物体にはたらく重力の大きさは地球が物体におよぼす万有引力の大きさに等しい.2物体が均質な球であれば,2物体間の距離は球の中心間の距離にすればよい.したがって,地球の質量を M,地上の物体の質量を m,地球の半径を R とすれば,地球を均質な球と見なして,地上の物体にはたらく地球の引力の大きさ F は,万有引力定数を G として,

$$F = G\frac{mM}{R^2}$$

と表される.したがって,これが重力の大きさ mg に等しいので,次式がえられる.

$$mg = G\frac{mM}{R^2}$$

この式に,$G = 6.67 \times 10^{-11} \text{ N·m}^2/\text{kg}^2$,$M = 5.97 \times 10^{24} \text{ kg}$,$R = 6.38 \times 10^6 \text{ m}$ を代入して,重力加速度の大きさを求めると $g = 9.80 \text{ m/s}^2$ となる.

例題 3.2

万有引力をベクトル表示せよ.これから,質量 M の地球がそのまわりにつくりだす空間のゆがみ−重力場(万有引力の場)$\vec{g}$−の中に,質量 m の物体をおくと,その物体は重力 $\vec{F} = m\vec{g}$ をうけると考えたとき,$\vec{g}$ を G, M, $\vec{r}$ で表せ.

解

質量 M の地球の中心 O から位置 $\vec{r}$ にある質量 m の物体には万有引力

$$\vec{F} = -G\frac{mM}{r^2}\frac{\vec{r}}{r} = -\frac{GmM}{r^2}\vec{e}_r \quad (\vec{e}_r は \vec{r} 方向を向いた単位ベクトル)$$

がはたらく(図 3.5).

$$\vec{g} = \frac{\vec{F}}{m} = -G\frac{M}{r^2}\vec{e}_r$$

とすると $\vec{F} = m\vec{g}$ になる.

重力加速度は重力場に等しいことがわかる.

図 3.5

例題 3.3

重力と静電気力を比較せよ. 対応関係を表で示せ.

解

$$\vec{F} = m\vec{g}, \quad \vec{g} = G\frac{M}{r^2}\frac{\vec{r}}{r}$$

$$\vec{F} = q\vec{E}, \quad \vec{E} = k\frac{Q}{r^2}\frac{\vec{r}}{r}$$

重力場	質量 M	万有引力定数 G	質量 m	重力場 $\vec{g}$	重力 $m\vec{g}$
静電場	電荷 Q	クーロン定数 k	電荷 q	静電場 $\vec{E}$	静電気力 $q\vec{E}$

■張力

天井からぶら下げた軽くて(質量を無視してよい)伸びない糸に質量 m のおもりをとりつけて手をはなすとおもりは静止する. おもりには重力 $m\vec{g}$ がかかっているから, おもりが静止するためには重力とつりあう力 $\vec{T} = -m\vec{g}$ を糸から受けていることがわかる. この力 $\vec{T}$ を張力という. 張力は糸の伸びがほとんどなくても生じる(図 3.6).

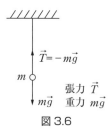

図 3.6

例題 3.4

図 3.7 のように，質量 m の小球を天井から鉛直方向と $30°$ および $45°$ の角をなす 2 本の糸でつるす．それぞれの糸の張力の大きさ T_1, T_2 を求めよ．

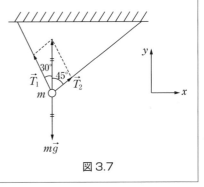

図 3.7

解

張力 $\vec{T}_1$, $\vec{T}_2$ と重力 $m\vec{g}$ の 3 力でつりあっている．

$$\vec{T}_1 + \vec{T}_2 + m\vec{g} = \vec{0}$$

x 成分： $-T_1 \sin 30° + T_2 \sin 45° = 0$
y 成分： $T_1 \cos 30° + T_2 \cos 45° - mg = 0$

これを解いて，

$$T_1 = (\sqrt{3} - 1) mg,$$
$$T_2 = \frac{\sqrt{2}}{\sqrt{3} + 1} mg = \frac{\sqrt{2}(\sqrt{3} - 1)}{2} mg$$

例題 3.5

図 3.8 のように，質量 m のおもりにひもをつけてつり下げ，おもりを水平方向に引いたら，ひもが鉛直方向と角 θ をなしてつりあった．おもりを水平に引いた力 $\vec{F}$ と張力 $\vec{T}$ のそれぞれの大きさを求めよ．

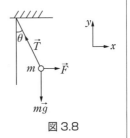

図 3.8

解

おもりは，おもりにはたらく重力 $m\vec{g}$，ひもの張力 $\vec{T}$，水平に引いている力 $\vec{F}$ に

よる3力でつりあっている.

$$\vec{mg} + \vec{T} + \vec{F} = \vec{0}$$

3力を成分表示すると,

$$\vec{mg} = (0, -mg), \quad \vec{T} = (-T\sin\theta, T\cos\theta), \quad \vec{F} = (F, 0)$$

したがって，力のつりあいの条件は,

$$x : -T\sin\theta + F = 0$$
$$y : -mg + T\cos\theta = 0$$

これを解いて,

$$F = mg\tan\theta, \quad T = \frac{mg}{\cos\theta}$$

■ ばねの弾性力

ばねを伸ばしたり（縮めたり）すると，自然の長さまで縮もう（伸びよう）とする．このように，ばねがもとにもどろうとする力をばねの弾性力という．ばねの一端を固定し，他端に力 $-\vec{F}$ を加える．

ばねの自然長からの変位を $\vec{r}$ とすると弾性力は,

$$\vec{F} = -k\vec{r}$$

と表される．k はばね定数とよばれる．

ばねの長さに平行に x 軸をとると,

$$F = -kx$$

になる（図3.9）．

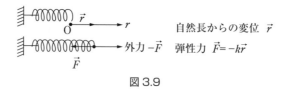

図3.9

例題 3.6

図 3.10(a) のように,ばね定数がそれぞれ k_1, k_2 の 2 個の軽いばね A,B をつなぎ,A の左端を壁に固定し,B の右端に外力の大きさ F を加えてまっすぐに引き伸ばす.A,B のそれぞれの自然の長さからの伸び d_1, d_2 を求めよ.また,全体を 1 本のばねと考えた場合のばね定数 K(合成ばね定数)はいくらか.

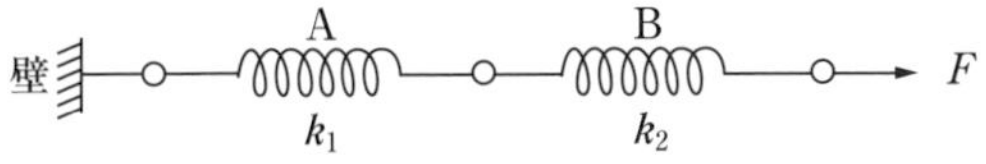

図 3.10(a)

解

A,B にはたらく力の大きさのみを示すと図 3.10(b) のようになる.右向きを正にしたときの力は,

$$-F'(壁が A を引く力)$$
$$+k_2 d_2 (B が A を引く力)$$
$$-k_1 d_1 (A が B を引く力)$$
$$+k_1 d_1 (A が壁を引く力)$$
$$+F(外力 F が B を引く力)$$

となる.

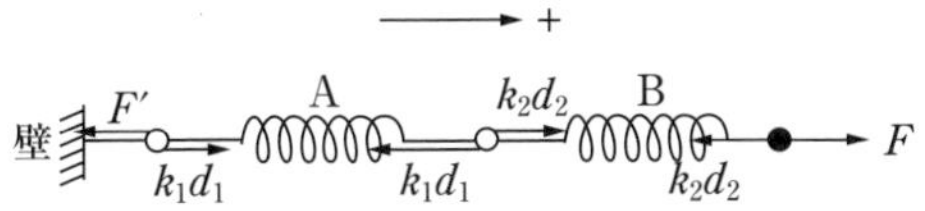

●つりあいの力　○作用・反作用
(作用点は同じ)　(作用点は異なる)

図 3.10(b)

このうち,つりあいの力(●で示す)は, $-k_2 d_2 + F = 0$ ①
作用・反作用(○で示す)は, $-F' + k_1 d_1 = 0$, ②
$$-k_1 d_1 + k_2 d_2 = 0$$ ③

である.

①,③より,

$$d_1 = \frac{F}{k_1}, \quad d_2 = \frac{F}{k_2}$$

$F = K(d_1 + d_2)$ に代すると，

$$\frac{1}{K} = \frac{1}{k_1} + \frac{1}{k_2} \rightarrow K = \frac{k_1 k_2}{k_1 + k_2}$$

となる．

■垂直抗力

水平な床面の上に質量 m の物体がおかれている．物体には重力 $\vec{mg}$ のほかに接触している床面から鉛直上向きに力 $\vec{N}$ がはたらき，

$$\vec{mg} + \vec{N} = \vec{0}$$

となりつりあっている．この $\vec{N} = -\vec{mg}$ のことを垂直抗力という(図3.11)．

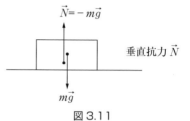

図3.11

■摩擦力

図3.12のように，水平なあらい床面の上におかれた質量 m の物体に，床に平行な外力 $\vec{F}$ を加えても動かないとき，

物体は，床面に平行に $\vec{f} = -\vec{F}$ の力を床面から受けている．大きさは $f = F$ で常に等しい．この $\vec{f}$ を静止摩擦力という．$\vec{F}$ を次第に大きくしていくと，あるところ ($\vec{F}_0$ とする) で，静止摩擦力が限界に達し，物体は動き始める．このときの $\vec{f}_{max}$ を最大静止摩擦力という．垂直抗力を $\vec{N}(=-\vec{mg})$ とすると，

$$F_0 = f_{max} = \mu N$$

の関係がある．比例係数 μ を静止摩擦係数という．$\vec{F}$ が $\vec{F}_0$ を越えると，物体はすべりだす．

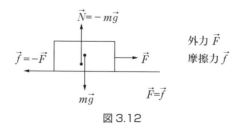

図3.12

すべっているときにはたらく摩擦力を動摩擦力という．動摩擦力 $\vec{f'}$ の大きさはやはり N に比例し，

$$f' = \mu' N$$

と表される．μ' を動摩擦係数という．

しかし $\mu' < \mu$ なので $f' < f_{max}$（図 3.13）．したがって，静止している物体を動かすには大きな力が必要であるが，動き出した物体を動かし続けるには，それより小さな力でよい．摩擦力は糸の張力，ばねの弾性力，垂直抗力のように直接物体に触れてはたらく点では同じだが，摩擦力は他の力と異なり，はじめから大きさや向きが決まっているわけではなく，外力 $\vec{F}$ に応じて決まるという特徴がある．

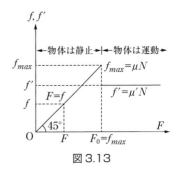

図 3.13

垂直抗力についても大きさは，物体の質量やおかれている面（水平面上か斜面上か）によってきまる．重力は物体と物体（地球など）が直接触れてなくてもはたらく．

問
物体と物体が直接触れていなくてもはたらく力は重力（万有引力）のほかにどんな力があるか．

解
電気力（クーロン力）や磁気力（ローレンツ力）

例題 3.7

図 3.14(a) に示すように，水平な床面におかれた質量 m の物体は，床面からの垂直抗力 $\vec{N}$ と重力 $m\vec{g}$ でつりあっている．この物体に，水平方向に外力 $\vec{F}$ を加えると，$m\vec{g}$ のほかに床面から $\vec{R}$ の力をうける．$\vec{R}$ を抗力とよぶ．物体が静止しているとき 3 力でつりあっている（図 3.14(b)）．

(1) このとき成り立つ式を示せ．
(2) $\vec{R}$ を $\vec{N}$ と摩擦力 $\vec{f}$ に分解するとき，x, y 方向で成り立つ式を示せ．

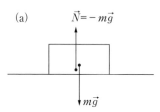
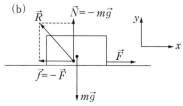

図 3.14

解
(1) $\vec{F} + \vec{R} + m\vec{g} = \vec{0}$
(2) $\vec{F} + (\vec{N} + \vec{f}) + m\vec{g} = \vec{0}$ より，
 $x : \vec{F} + \vec{f} = \vec{0} \quad (\vec{f} = -\vec{F})$
 $y : \vec{N} + m\vec{g} = \vec{0} \quad (\vec{N} = -m\vec{g})$

例題 3.8

図 3.15 のような水平となす角が θ のあらい斜面におかれた質量 m の物体がすべり落ちないで静止しているとき，重力 $m\vec{g}$ と抗力 $\vec{R}$ がつりあっている．この $\vec{R}$ は垂直抗力 $\vec{N}$ と静止摩擦力 $\vec{f}$ に分解することができる．

(1) $\vec{f}$ と $\vec{N}$ の大きさ f, N を求めよ．
(2) θ を変化させ静止摩擦係数 μ を求める方法をのべよ．

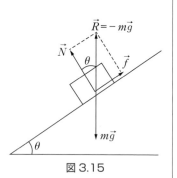

図 3.15

解
(1) $\vec{R} = -m\vec{g}$, $\vec{R} = \vec{N} + \vec{f}$ より,

$$R = mg, \quad N = R\cos\theta = mg\cos\theta,$$
$$f = R\sin\theta = mg\sin\theta$$

となる.

(2) θ をすこしづつ大きくしていくと $\theta = \theta_0$ を越えると物体はすべり始める. この θ_0 は $f_{max} = \mu N$ より求められる.

$$mg\sin\theta_0 = \mu mg\cos\theta_0$$
$$\therefore \mu = \tan\theta_0$$

斜面上を運動しているときは, $\vec{N}$ は変らないが, $\vec{f}$ が動摩擦力 $\vec{f'}$ に変る. 動摩擦係数を μ' とすると $f' = \mu' N = \mu' mg\cos\theta$ となる.

■内力と外力

物体間で互いに及ぼし合っている力を内力という. 内力は作用・反作用の関係にあるので物体系全体でみると現れない. 内力には, 重力(万有引力)のように離れた物体にはたらく場合や, 物体どうしが直接接触してはたらく場合がある. 物体の外からはたらく力を外力という. 外力には, 摩擦力(静止摩擦力, 動摩擦力)や垂直抗力のようにはじめから大きさや向きが決まっているわけではなく, 外力に応じて決まってくる受身の力もある.

■力の成因

物体に力を加え小さなひずみが生じると, もとの形にもどろうとする力が生じる. ミクロに見れば原子(分子)間の間隔が広がり, それをもとにもどそうとする力が生じる. ばねの弾性力, 糸の張力(ひずみは小さい)はこの力に基づいている.

物体を床におくと床面がへこみ(変形し), もとの形状にもどろうとして物体に力をおよぼすために力が生じる. 垂直抗力はこの力に対応している. 摩擦力は床面と物体とのわずかな凹凸の凸部分がこすれることにより生じる. このように, 直接接している他の物体から受ける力を近接力(接触力)とよぶ.

接触力は2物体の表面の原子間にはたらく電磁相互作用の結果生じる.

万有引力は質量をもつ物体どうしが触れていなくてもはたらく. このような力を遠隔力とよぶ. 遠隔力にはこの他電気力, 磁気力がある.

これらの力はそれぞれ重力場, 電場, 磁場を生み出した空間のゆがみ(状態)と質

量や電荷の相互作用により生じる．

遠隔力は瞬時にはたらくのではなく，質量や電荷が生み出した場が，次々に近接する空間に伝えられて別の質量や電荷に力をおよぼすと考えられている．

例題 3.9

図 3.16 のように，質量 m のおもりを天井から鉛直方向と α, β の角をなす 2 本の糸でつるす．それぞれの糸の張力の大きさ T_1, T_2 を求めよ．

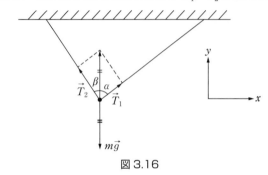

図 3.16

解

張力 $\vec{T}_1$, $\vec{T}_2$ と重力 $m\vec{g}$ でつりあっている．

$$\vec{T}_1 + \vec{T}_2 + m\vec{g} = \vec{0} \qquad ①$$

成分で書くと，

$$x\text{成分}: T_1 \sin\alpha - T_2 \sin\beta = 0 \qquad ②$$

$$y\text{成分}: T_1 \cos\alpha + T_2 \cos\beta - mg = 0 \qquad ③$$

② より，

$$T_2 = \frac{\sin\alpha}{\sin\beta} T_1 \qquad ④$$

③ に代入して，

$$T_1(\cos\alpha \sin\beta + \sin\alpha \cos\beta) = mg \sin\beta \qquad ⑤$$

これより，

$$T_1 = \frac{\sin\beta}{\sin(\alpha+\beta)} mg \qquad ⑥$$

④に代入して，

$$T_2 = \frac{\sin\alpha}{\sin(\alpha+\beta)}mg \qquad ⑦$$

3.5 作用・反作用の関係にある2力

2つの物体AとBが互いに力をおよぼしあっているとき，AがBにおよぼす力とBがAにおよぼす力は同一作用線上にあり，大きさが等しく向きが逆である．

$$\vec{F}_{BA} = \text{AがBにおよぼす力}$$
$$\vec{F}_{AB} = \text{BがAにおよぼす力}$$

とするとき，

$$\vec{F}_{BA} = -\vec{F}_{AB}$$

が成り立つ．$\vec{F}_{BA}$を作用とよべば，$\vec{F}_{AB}$を反作用とよぶので，運動の第3法則は作用・反作用の法則ともよばれる．この法則は，力士が押し合うときのように2つの物体が接触していても(図3.17(a))，太陽と地球のように離れていても成り立つ(図3.17(b))．また，2つの物体が静止していても，運動していても成り立つ．

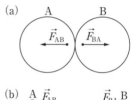

図3.17

■作用・反作用の2力とつりあいの2力

つりあう2力$\vec{F}_1$，$\vec{F}_2$と作用・反作用の2力$\vec{F}_{BA}$，$\vec{F}_{AB}$は，いずれも「同一作用線上にあり，大きさが等しく向きが逆である」という点で似ている．

$$\vec{F}_1 = -\vec{F}_2 \rightarrow \vec{F}_1 + \vec{F}_2 = \vec{0}$$
$$\vec{F}_{BA} = -\vec{F}_{AB}$$

つりあう2力は，どちらも同じ物体にはたらく力で，作用点は同一物体内にあり，2力の合力は$\vec{0}$で，つりあいの条件を満たす．一方，作用・反作用の2力は，それぞれ別の物体にはたらく力で，作用点はそれぞれ別の物体内にあり，つりあうことはない．

例題 3.10

図 3.18 のように,水平な床 C の上に質量 M の物体 A を,さらにその上に質量 m の物体 B をおく.$\vec{F}_{BA}$ は A から B にはたらく垂直抗力,$\vec{F}_{AB}$ は B が A を押す力,$\vec{F}_{AC}$ は C から A にはたらく垂直抗力,$\vec{F}_{CA}$ は A が C を押す力である.$\vec{F}_{AO}$,$\vec{F}_{BO}$ はそれぞれ A,B にはたらく重力である.$\vec{F}_{OA}$ と $\vec{F}_{OB}$ はそれぞれ A と B が地球を引きつける力である.

ただし,すべての力は同一直線上にあるものとする.

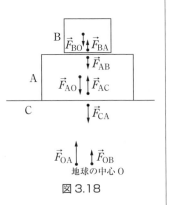

図 3.18

(1) これらの力の中で,作用と反作用の関係にある 2 力の組はどれとどれか.
(2) A,B のつりあいの式を示せ.
(3) $\vec{F}_{AO}$,$\vec{F}_{BO}$ を作用とするとき,反作用は何か.
(4) $\vec{F}_{AO}$ の大きさを 30 N,$\vec{F}_{BO}$ の大きさを 20 N とすると,$\vec{F}_{AC}$ の大きさは何 N か.

解
(1) $\vec{F}_{BA}$ と $\vec{F}_{AB}$,$\vec{F}_{AC}$ と $\vec{F}_{CA}$,$\vec{F}_{AO}$ と $\vec{F}_{OA}$,$\vec{F}_{BO}$ と $\vec{F}_{OB}$
(2) B : $\vec{F}_{BO} + \vec{F}_{BA} = \vec{0}$,A : $\vec{F}_{AB} + \vec{F}_{AO} + \vec{F}_{AC} = \vec{0}$
(3) A,B にはたらく $\vec{F}_{AO}$,$\vec{F}_{BO}$ は地球が A,B を引く力で,反作用は A,B が地球の中心(力の作用点)O を引く力 $\vec{F}_{OA}$,$\vec{F}_{OB}$ である.
(4) (2) より下向きを正とすると,$F_{AO} = 30$ N,$F_{BO} = 20$ N であるから,

$$20 - F_{BA} = 0,\quad F_{AB} + 30 - F_{AC} = 0$$
$$\therefore\ F_{AC} = 30 + 20 = 50\ \text{N}\ (\because\ F_{AB} = F_{BA})$$

(1)の作用と反作用は接触している物体間にはたらいているが,(3)の場合は,離れている物体間(物体と地球)にはたらいていることに注意する.

3 力の表し方

例題 3.11

図 3.19 に示すように,水平な床の上におかれた斜面台 Q の上に物体 P がおかれてあり,P,Q ともに静止している.ベクトル $\vec{f}_1 \sim \vec{f}_7$ は,これらにはたらく力を示している(図 3.19).ただし,矢印の長さと力の大きさは比例していない.

(1) 力 $\vec{f}_1$, $\vec{f}_3$, $\vec{f}_5$ はどういう種類の力か.
(2) 力 $\vec{f}_2$, $\vec{f}_3$ は何から何にはたらくか.
(3) $\vec{f}_1 \sim \vec{f}_7$ の中で作用・反作用の関係にあるものはどれか.
(4) P,Q のつりあいの式を示せ.

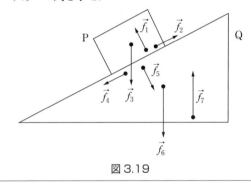

図 3.19

解

力 $\vec{f}_1 \sim \vec{f}_7$ をそれぞれ「○が□に加える力」という形でまとめてみる.
$\vec{f}_1$ と $\vec{f}_5$, $\vec{f}_2$ と $\vec{f}_4$ の作用点はそれぞれ $\vec{f}_1$(P) と $\vec{f}_5$(Q),$\vec{f}_2$(P) と $\vec{f}_4$(Q) と作用点はそれぞれ P,Q と異っているが,

$$\vec{f}_1 + \vec{f}_5 = \vec{0}, \quad \vec{f}_2 + \vec{f}_4 = \vec{0}$$

の関係は成り立っている(図 3.19).

記号	○が□に加える力
$\vec{f}_1$	QがPに加える垂直抗力
$\vec{f}_2$	QがPに加える静止摩擦力
$\vec{f}_3$	地球がPに加える重力
$\vec{f}_4$	PがQに加える静止摩擦力
$\vec{f}_5$	PがQに加える垂直抗力
$\vec{f}_6$	地球がQに加える重力
$\vec{f}_7$	床がQに加える垂直抗力

　面と接しているときに，面と平行な方向にはたらく力が静止摩擦力，面と垂直な方向にはたらく力が垂直抗力である．また，地球が物体に加える力が重力である．
　この表から，
(1) $\vec{f}_1$：垂直抗力，$\vec{f}_3$：重力，$\vec{f}_5$：垂直抗力
(2) $\vec{f}_2$：QからPに，$\vec{f}_3$：地球からPにはたらく．
　　作用・反作用の関係にある力は，力を加える側と加えられる側が入れかわった力である．
(3) ○が□に加える力を作用とすると，□が○に加える力を反作用という．

$$\vec{f}_1 と \vec{f}_5, \quad \vec{f}_2 と \vec{f}_4$$

(4) 静止している物体はつりあっている．

$$P：\vec{f}_1+\vec{f}_2+\vec{f}_3=\vec{0}$$
$$Q：\vec{f}_4+\vec{f}_5+\vec{f}_6+\vec{f}_7=\vec{0}$$

4　運動の法則

りんごが木から落ちるような地上の物体の運動も，
地球が太陽のまわりを回る運動も
すべて3つの基本法則にしたがうことが
ニュートンによって明らかにされた．
運動の第2法則を表す運動方程式 $m\vec{a}=\vec{F}$ から，
物理基礎・物理に出てくるすべての物理法則の
数式表現が統一的に導き出せることが示される．
これらの法則が，どのように適用され応用されていくかが
以下の章で順次述べられる．

4.1 ニュートンの運動の3法則

ニュートンは1687年に著書「プリンキピア」の中で，物体の運動はすべて3つの基本法則にしたがうことを示した．

■運動の第1法則(慣性の法則)

物体に力がはたらいていないか，またはいくつかの力がはたらいていてもその合力が0ならば，はじめ静止していた物体はいつまでも静止を続け，運動している物体はそのまま等速直線運動を続ける．物体が運動状態(静止している，一定の速度で運動している)をそのまま保とうとする性質をもつ．この性質を慣性という．運動の第1法則は慣性の法則ともいう．

■運動の第2法則(運動の法則)

物体に力がはたらくと，力の向きに加速度を生じる．加速度の大きさは，力の大きさに比例し，物体の質量に反比例する．物体の質量を m，加速度を $\vec{a}$，物体にはたらく力を $\vec{F}$ とし，比例定数を k とすると，この法則は，

$$\vec{a} = k\frac{\vec{F}}{m}$$

と表される．力の単位は，質量の単位に kg，加速度の単位に m/s^2 をとったとき比例定数が1になるように定める．この単位を1ニュートン(記号 N)という．

$$N = kg \cdot m/s^2$$

である．このとき，

$$m\vec{a} = \vec{F}$$

と表される．この式を運動方程式という．

力 $\vec{F}$ は，

$$\vec{F} = \sum_i \vec{F_i}$$

で与えられる．ここに，$\vec{F_i}(i=1, 2, 3, \cdots)$ は着目している物体にはたらくいろいろな接触してはたらく力や，接触していなくてもはたらく場(重力場，電場，磁場)による力を表している．したがって，$\vec{F}$ はこれらすべての力の和－合力(ベクトル和)－になっている．

4 運動の法則

■力のつりあい

物体がつりあっているときには，加速度が0だから，

$$\sum_i \vec{F}_i = \vec{0}$$

となる．この式をとくに物体(質点)のつりあいの式という．剛体のつりあいはこの式の他に，剛体が任意の点Pのまわりに回転し始めない条件＝点Pのまわりの角運動量が変化しない＝力のモーメントの和が0＝力のモーメントのつり合いの式が加わる．

■運動の第3法則(作用・反作用の法則)

物体Aが物体Bに力(作用)をおよぼすと，それと同時に物体Bは物体Aに力(反作用)をおよぼす．作用・反作用の2つの力は，大きさが等しく，同一作用線上にあって，向きが反対である．AがBにおよぼす力$\vec{F}_{BA}$，BがAにおよぼす力を$\vec{F}_{AB}$とすれば，

$$\vec{F}_{BA} = -\vec{F}_{AB}$$

の関係がある．どちらを作用，反作用とよんでもよい．運動の第3法則は作用・反作用の法則ともいう．作用・反作用の法則は，3.5でのべたように静止している物体に対してだけでなく，運動している物体に対しても成り立つ．また，2つの物体が接触していても，太陽と地球のように離れていても成り立つ．

■運動方程式と初期条件

加速度から速度と位置を求めることを考える．任意の時刻tにおける速度を$\vec{v}(t)$，加速度を$\vec{a}(t)$とする．加速度$\vec{a}(t)$をtで積分すると$\vec{v}(t)$が求まる．

$$\int_0^t \vec{a}(t)\,dt = \int_0^t \frac{d\vec{v}(t)}{dt}\,dt = [\vec{v}(t)]_0^t = \vec{v}(t) - \vec{v}(0)$$

これより，初速度($t=0$における速度)$\vec{v}(0)$がわかっていれば任意の時刻tの速度，

$$\vec{v}(t) = \vec{v}(0) + \int_0^t \vec{a}(t)\,dt$$

が求められる．こうして，$\vec{v}(t)$が求まり，時刻$t=0$における位置$\vec{r}(0)$がわかっていれば任意の時刻tの位置は，同様にして，

$$\vec{r}(t) = \vec{r}(0) + \int_0^t \vec{v}(t)\,dt$$

が求められる．この任意の時刻での速度と位置を知るためには，運動方程式で得ら

れた加速度の他に $\vec{v}(0)$ の値 $\vec{v}_0$ と, $\vec{r}(0)$ の値 $\vec{r}_0$ が必要になる.

$$\vec{v}(0) = \vec{v}_0, \quad \vec{r}(0) = \vec{r}_0$$

を初期条件という.

4.2　運動方程式の積分(1)

■運動エネルギー変化と仕事

質量 m の物体の運動方程式,

$$m\frac{d\vec{v}}{dt} = \vec{F}$$

の両辺と速度ベクトル $\vec{v}$ とのスカラー積(内積)をつくる.

$$左辺 = m\frac{d\vec{v}}{dt} \cdot \vec{v} = \frac{1}{2}m\frac{d\vec{v}^2}{dt} = \frac{d}{dt}\left(\frac{1}{2}m\vec{v}^2\right)$$

$$右辺 = \vec{F} \cdot \vec{v} = F \cdot \frac{d\vec{r}}{dt}$$

ここで, ベクトル関数 $\vec{A}(t)$, $\vec{B}(t)$ のスカラー積の微分公式,

$$\frac{d(\vec{A} \cdot \vec{B})}{dt} = \frac{d\vec{A}}{dt} \cdot \vec{B} + \vec{A} \cdot \frac{d\vec{B}}{dt}$$

において, $\vec{A} = \vec{B}$ ならば,

$$\frac{d\vec{A}^2}{dt} = \frac{d(\vec{A} \cdot \vec{A})}{dt} = 2\frac{d\vec{A}}{dt} \cdot \vec{A}$$

が成り立つことを用いた. 物体に力がはたらいて, 経路に沿って時刻 t_1 に点 A にあった物体が, 時刻 t_2 に点 B まで移動する場合を考える. そこで, 左辺と右辺をそれぞれ t について $t = t_1$ から $t = t_2$ まで積分する.

点 A, B での速度をそれぞれ $\vec{v}_1$, $\vec{v}_2$ とすると,

$$左辺 = \int_{t_1}^{t_2} \frac{d}{dt}\left(\frac{1}{2}m\vec{v}^2\right) = m\int_{v_1}^{v_2} v\, dv$$

$$= \frac{1}{2}m\vec{v}_2^2 - \frac{1}{2}m\vec{v}_1^2$$

となる. ここで, $\vec{v}^2 = \vec{v} \cdot \vec{v} = v^2 \rightarrow d\vec{v}^2 = dv^2 \rightarrow 2\vec{v} \cdot \vec{v} = 2v\, dv$ の関係を用いた.

$$右辺 = \int_{t_1}^{t_2} \vec{F} \cdot \frac{d\vec{s}}{dt} dt = \int_A^B \vec{F} \cdot d\vec{s}$$

ここで, 位置ベクトルの微小変位 $d\vec{r}$ は経路上の微小変位 $d\vec{s}$ に等しい関係を用いた.

これから，
$$\frac{1}{2}m\vec{v_2}^2 - \frac{1}{2}m\vec{v_1}^2 = \int_A^B \vec{F} \cdot d\vec{s} \qquad ①$$

がえられる．左辺に現れる物理量，
$$K = \frac{1}{2}m\vec{v}^2$$

を運動エネルギーという．

物体に力 $\vec{F}$ がはたらき微小変位 $d\vec{s}$ するとき，力のする仕事を，
$$d\vec{W} = \vec{F} \cdot d\vec{s}$$

で定義する．このとき，
右辺に現れる物理量，
$$W = \int_A^B \vec{F} \cdot d\vec{s}$$

は，物体が点Aから点Bまで移動する間に力 $\vec{F}$ がする仕事をあらわす．したがって，①は，運動エネルギーの変化は，その間に物体にはたらく力がする仕事に等しいことを示している．

とくに，物体に一定の力 $\vec{F}$ がはたらき，$\vec{s}$ だけ変位したときの仕事は，
$$W = \vec{F} \cdot \vec{s} = Fs\cos\theta$$

となる．ここで，θ は $\vec{F}$ と $\vec{s}$ のなす角をあらわす．W の単位は N·m (= J) である．

■仕事率

単位時間にする仕事を仕事率といい，P で表す．P の単位は J/s (= W) である．
$$P = \frac{dW}{dt} = \vec{F} \cdot \frac{d\vec{s}}{dt} = \vec{F} \cdot \vec{v}$$

■保存力

物体が点Aから点Bまで経路 C_1，C_2 に沿って移動するあいだに，物体にはたらいている力 $\vec{F}$ がする仕事は，それぞれ，
$$W_{AB} = \int_{A(C_1)}^B \vec{F} \cdot d\vec{s}, \quad W_{AB} = \int_{A(C_2)}^B \vec{F} \cdot d\vec{s} \qquad ①$$

で与えられる．いま，2つの経路 C_1，C_2 について，

$$W_{A(C_1)B} = W_{A(C_2)B}$$

が成り立つとき，すなわち力$\vec{F}$のする仕事が途中の経路によらず，始点Aと終点Bだけできまる場合がある．このような力を保存力という．①より，

$$W_{A(C_1)B} = W_{A(C_2)B} \rightarrow \int_{A(C_1)}^{B} \vec{F} \cdot d\vec{s} = \int_{A(C_2)}^{B} \vec{F} \cdot d\vec{s}$$

$$\rightarrow \int_{A(C_1)}^{B} \vec{F} \cdot d\vec{s} + \int_{B(\overline{C_2})}^{A} \vec{F} \cdot d\vec{s} = 0$$

が導かれる．最後の式は閉じた経路 $A(C_1)B(\overline{C_2})A$ に沿っての積分が0であることを示す(図4.1(a))．経路 C_1, $\overline{C_2}$ は任意なので，任意の閉じた経路を1周する積分$\left(記号 \oint_C \cdots\right)$が0である．$\overline{C_2}$ は C_2 と逆向きの経路を表す．

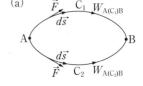

$$\oint_C \vec{F} \cdot d\vec{s} = 0$$

であることが，力$\vec{F}$が保存力である条件であるといってもよい(図4.1(b))．保存力には，重力(万有引力)，ばねの弾性力，静電気力などがある．

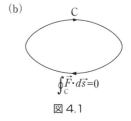

図4.1

動摩擦力による仕事は経路を1周しても0にならない．このような力を非保存力という．

■ポテンシャルエネルギー(位置エネルギー)

物体が点Aから点Bまで移動する間に保存力$\vec{F}$のする仕事 W_{AB} は，経路によらないので点Aから基準点Oを経て点Bに至る経路をとる仕事 W_{AOB} にも等しい(図4.2)．

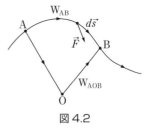

$$W_{AB} = W_{AOB} = \int_A^O \vec{F} \cdot d\vec{s} + \int_O^B \vec{F} \cdot d\vec{s}$$

$$= -\int_O^A \vec{F} \cdot d\vec{s} - \left(-\int_O^B \vec{F} \cdot d\vec{s}\right)$$

図4.2

点Oを基準点としたときの点Pのポテンシャルエネルギー(位置エネルギー)を，

$$U_P = -\int_O^P \vec{F} \cdot d\vec{s}$$

で定義すると，右辺の第1項と第2項はそれぞれ，

$$U_A = -\int_O^A \vec{F}\cdot d\vec{s}, \quad U_B = -\int_O^B \vec{F}\cdot d\vec{s}$$

と表される.このとき,点Aから点Bまで保存力のする仕事は,始点Aと終点Bでできまるポテンシャルエネルギー U_A, U_B を用いて,

$$W_{AB} = \int_A^B \vec{F}\cdot d\vec{s} = U_A - U_B$$

と表される.

■力学的エネルギー保存の法則

物体が点Aから点Bまで動くとき,物体の運動エネルギーの変化は,この間に物体にはたらく力がする仕事に等しいとの関係は,点Aでの速度を $\vec{v}_A$,点Bでの速度を $\vec{v}_B$ とすると,

$$\frac{1}{2}m\vec{v}_B^2 - \frac{1}{2}m\vec{v}_A^2 = \int_A^B \vec{F}\cdot d\vec{s} \qquad ①$$

で与えられる.いま,力 $\vec{F}$ を保存力 $\vec{F}_C$ と非保存力 $\vec{F}_{NC}$ にわけて考える.

$$\int_A^B \vec{F}\cdot d\vec{s} = \int_A^B \vec{F}_C\cdot d\vec{s} + \int_A^B \vec{F}_{NC}\cdot d\vec{s} \qquad ②$$

ところで,保存力に対しては,

$$W_{AB} = \int_A^B \vec{F}_C\cdot d\vec{s} = U_A - U_B \qquad ③$$

であることを学んだ.②,③を①に代入すると,

$$\left\{\frac{1}{2}m\vec{v}_B^2 + U_B\right\} - \left\{\frac{1}{2}m\vec{v}_A^2 + U_A\right\} = \int_A^B \vec{F}_{NC}\cdot d\vec{s} \qquad ④$$

がえられる.{…} 内の運動エネルギー K とポテンシャルエネルギー U の和を力学的エネルギーとよぶ.このとき,④は「力学的エネルギーの変化は,非保存力のする仕事に等しい」という関係を表している.④の右辺が0のとき,すなわち保存力以外の力がはたらかない場合 ($\vec{F}_{NC} = \vec{0}$) や,はたらいていても垂直抗力や円運動をしている糸の張力のように,つねに物体の運動方向に垂直で仕事をしない場合 ($\vec{F}_{NC}\cdot d\vec{s} = 0$),

$$\frac{1}{2}m\vec{v}_B^2 + U_B = \frac{1}{2}m\vec{v}_A^2 + U_A$$

となり,$E = K + U = $ 一定が成り立っている.これは,運動のあいだ,力学的エネルギーがつねに一定に保たれていることを示している.これを力学的エネルギー保存の法則という.

4.3 運動方程式の積分(2)

■運動量変化と力積

質量 m の物体が速度 $\vec{v}$ で運動しているとき,

$$\vec{p} = m\vec{v}$$

というベクトル量は,運動の勢いを表す量で,この物体の運動量という.運動量を用いると,運動方程式は,

$$m\vec{a} = m\frac{d\vec{v}}{dt} = \frac{d(m\vec{v})}{dt} = \frac{d\vec{p}}{dt}$$

と変形できるので,

$$\frac{d\vec{p}}{dt} = \vec{F}$$

と書き表せる.時刻 t における物体の運動量を $\vec{p}(t)$,物体が受けている力を $\vec{F}(t)$ とする.この両辺を時刻 t_1 から,時刻 t_2 まで積分すると,

$$\int_{t_1}^{t_2} \frac{d\vec{p}(t)}{dt} dt = \vec{p}(t_2) - \vec{p}(t_1) = \int_{t_1}^{t_2} \vec{F}(t) dt$$

となる.右辺の積分,

$$\vec{I} = \int_{t_1}^{t_2} \vec{F}(t) dt$$

を,$t = t_1$ から $t = t_2$ までの間に物体が受けた力積という.時刻 t における速度を $\vec{v}(t)$ とし,$\vec{v}(t_i) = \vec{v_i}$ と書くと,上式は,

$$m\vec{v_2} - m\vec{v_1} = \vec{I}$$

と表せる.これは,「運動量の変化と力積の関係」(物体の運動量の変化は,その間に物体が受けた力積に等しい)を表している.力積の単位は N·s である.

■物体の運動量保存

物体にはたらいている合力が0のとき,物体の運動量は時間に依存せず,一定となる.

$$\frac{d\vec{p}}{dt} = \vec{F} = \vec{0} \ \rightarrow \ \vec{p} = \vec{C}(定ベクトル)$$

これは,運動量は保存されることを示し,物体は等速直線運動を続けることを意味する.

4 運動の法則

■物体の運動量保存の法則

2つの物体1, 2が互いに力をおよぼしあいながら運動している場合を考える. 物体1の運動量を $\vec{p}_1$, 物体2の運動量を $\vec{p}_2$, 物体2が物体1におよぼす力を $\vec{F}_{12}$, 物体1が物体2におよぼす力を $\vec{F}_{21}$ とすれば, 物体1, 2の運動方程式は,

$$\frac{d\vec{p}_1}{dt} = \vec{F}_{12}, \quad \frac{d\vec{p}_2}{dt} = \vec{F}_{21}$$

となる. このような, 物体間にはたらく力を内力といい, 物体の外からはたらく力を外力という. 内力には, 万有引力のように離れた物体間にはたらく場合や, 衝突や分裂のように物体どうしが直接接触してはたらく場合がある. 内力の場合, 作用・反作用の法則より, $\vec{F}_{12} = -\vec{F}_{21}$ が成り立つので, 上式を加え合わせると右辺が0になり,

$$\frac{d\vec{p}_1}{dt} + \frac{d\vec{p}_2}{dt} = \vec{0}$$

が得られる. 2物体の運動量の和(全運動量)を,

$$\vec{P} = \vec{p}_1 + \vec{p}_2$$

とおけば,

$$\frac{d\vec{P}}{dt} = \vec{0}$$

を意味する. すなわち, 全運動量は時間に依存せず一定で,

$$\vec{P} = \vec{C} (定ベクトル)$$

となる. 外力がはたらかないときは, 2物体系(一般には n 物体系)でも運動量保存の法則が成り立つことを示している.

作用・反作用の法則は力が摩擦力などの非保存力がはたらくときでも成り立つので, 運動量保存の法則は力学的エネルギー保存の法則と違って, 非保存力がはたらく場合にも成り立つ.

4.4 運動方程式の積分(3)

■角運動量変化と力のモーメント

運動の勢いを表す運動量 $\vec{p}$ を用いると, 物体の運動方程式は,

$$\frac{d\vec{p}}{dt} = \vec{F}$$

となり,「運動量の時間変数 t に関する微分は,その物体にはたらく力に等しい」ことがわかる.回転運動の勢いはどのように表せばよいだろうか.この式と位置ベクトル r とのベクトル積(外積)をつくると,

$$\vec{r} \times \frac{d\vec{p}}{dt} = \vec{r} \times \vec{F}$$

となる.ベクトル積の微分公式より,

$$\frac{d}{dt}(\vec{r} \times \vec{p}) = \frac{d\vec{r}}{dt} \times \vec{p} + \vec{r} \times \frac{d\vec{p}}{dt}$$

となるが右辺の第 1 項は 0 となる $\left[\frac{d\vec{r}}{dt} \times \vec{p} = \vec{v} \times m\vec{v} = m(\vec{v} \times \vec{v}) = \vec{0}\right]$.したがって,

$$\frac{d(\vec{r} \times \vec{p})}{dt} = \vec{r} \times \vec{F}$$

が成り立つ.$\vec{L} = \vec{r} \times \vec{p}$, $\vec{N} = \vec{r} \times \vec{F}$ と書くと,この式は,

$$\frac{d\vec{L}}{dt} = \vec{N}$$

と表される.物体が位置 $\vec{r}$ で運動量 $\vec{p}$ をもっているとき,$\vec{L}$ は原点 O のまわりの運動量のモーメントでこのベクトルをこの物体の角運動量といい,この点のまわりの回転運動の勢いを表す.位置 $\vec{r}$ にある物体に力 $\vec{F}$ がはたらいているとき,原点 O のまわりの力のモーメント $\vec{N}$ は,この点のまわりに物体を回転させようとする力の能力を表す.上式は,「角運動量の時間的変化は,その物体にはたらく力のモーメントに等しい」ことを示し,回転運動の運動方程式とよばれる.$\vec{N}$ の単位は N・m である.

■中心力と角運動量保存の法則

原点 O から $\vec{r}$ の位置にある物体にはたらく力が,

$$\vec{F}(r) = F(r)\frac{\vec{r}}{r} = F(r)\vec{e_r} \quad (\vec{e_r} は \vec{r} の向きの単位ベクトル)$$

で表されるとき,この力を中心力といい,原点 O を力の中心という.ここで,$F(r) > 0$ ならば斥力,$F(r) < 0$ ならば引力である.地球にはたらく太陽からの万有引力や,荷電粒子にはたらく他の荷電粒子からの静電気力(クーロン力)や,ひもやばねにむすんだ物体を水平に振りまわし,物体を等速円運動させるひもの張力やばねの弾性力などは中心力である.中心力を受けて運動する物体の原点 O(力の中心)のまわりの力のモーメントは,

$$\vec{N} = \vec{r} \times \vec{F} = \frac{F(r)}{r}(\vec{r} \times \vec{r}) = \vec{0}$$

となるので，

$$\frac{d\vec{L}}{dt} = \vec{0} \rightarrow \vec{L} = \vec{C}(\text{定ベクトル})$$

となる．物体が中心力を受けて運動する場合は，力の中心のまわりの物体の角運動量 $\vec{L}$ は大きさも向きも時間的に一定なベクトル $\vec{C}$ になる．これを角運動量保存の法則という．

基本的物理量のまとめ

■運動量

同じ速度で運動している物体でも，それを受けとめたときの衝撃は質量の大きなものほど大きい．そこで運動の勢いを表す量として，質量 m と速度 $\vec{v}$ の積で，

$$\vec{p} = m\vec{v}$$

というベクトルを考え，これを運動量という．$\vec{p}$ の単位は kg·m/s である．速度 $\vec{v}$ の大きさ $|\vec{v}| = v$ を速さとよぶ．

■角運動量

大きさのある物体の回転運動の勢いを表す量として，位置ベクトル $\vec{r}$ と運動量 $\vec{p}$ のベクトル積（外積）で，

$$\vec{l} = \vec{r} \times \vec{p}$$

というベクトルを考え，これを原点 O のまわりの角運動量という．単位は kg·m^2/s である．

■力積

力 $\vec{F}$ が微小時間 dt だけはたらいた場合，$\vec{F}$ と dt との積を力積という．力積 $d\vec{I}$ は，

$$d\vec{I} = \vec{F}dt$$

と表される．物体に力積が加えられると，運動量が $d\vec{p}$ だけ変化する．

$$d\vec{p} = \vec{F}dt$$

力積の単位は N·s である．

■仕事

物体に力がはたらいて微小変位した場合，その力は仕事をしたといい，仕事 dW は力 $\vec{F}$ と微小変位 $\vec{dr}$ とのスカラー積（内積）で，

$$dW = \vec{F} \cdot \vec{dr}$$

と表される．位置ベクトルの微小変位 $\vec{dr}$ は，経路上での微小変位 $\vec{ds}$ に等しい（$\vec{dr} = \vec{ds}$）ので，

$$dW = \vec{F} \cdot \vec{ds}$$

と表すこともできる．

仕事の単位は N·m となるが，これをジュール（記号 J）という．

■仕事とエネルギー

運動している物体は仕事をする能力がある．速さ v で運動している物体は，

$$K = \frac{1}{2}mv^2$$

だけの仕事をする能力がある．一般に，物体の仕事をする能力がエネルギーである．

この場合は，K は物体が運動することによってもっているエネルギーだから，運動エネルギーという．運動していなくても，他の物体に仕事をする能力，すなわちエネルギーとして蓄えている場合，このエネルギーは物体の位置によって決まるのでポテンシャルエネルギー（位置エネルギー）ないしは簡単にポテンシャルという．エネルギーの単位は $kg \cdot m^2/s^2$ となり，仕事の単位と同じジュール（J）である．

4.5　保存力とポテンシャルエネルギー

■保存力の判定法

保存力に逆ってする仕事がポテンシャル U_p であった．

$$U_p = -\int_{O(C)}^{P} \vec{F} \cdot \vec{ds}$$

U_P は経路 C によらず始点 O と終点 P の位置だけできる．C を 1 周する経路にとると $U_\mathrm{P} + (-U_\mathrm{P}) = 0$ なので，

$$\oint_\mathrm{C} \vec{F} \cdot d\vec{s} = 0 \quad \left(\oint \text{は 1 周積分を表す}\right)$$

数学に，閉曲線 C に沿ってあるベクトルの線積分を面積分に（面積分を線積分に）変えるストークスの定理がある．これを用いると，

$$\oint_\mathrm{C} \vec{F} \cdot d\vec{s} = \int_\mathrm{S} \mathrm{rot}\, \vec{F} \cdot d\vec{S} = 0$$

が成り立つ．$d\vec{s}$ は C の線要素，$d\vec{S}$ は C を縁（周）とする任意の面 S の面要素を表す（図 4.3）．

保存力の判定は，

$$\mathrm{rot}\, \vec{F} = \vec{0}$$

であるかどうかを調べるとよい．

$\mathrm{rot}\, \vec{A}$ はベクトル $\vec{A}$ の回転（rotation）とよばれる．ナブラ ∇ というベクトルの演算子を用いると，∇ と $\vec{A}$ のベクトル積として書くことができる．

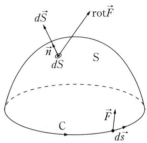

$d\vec{S} = \vec{n} dS$（$\vec{n}$：法線ベクトル）

図 4.3

$$\mathrm{rot}\, \vec{A} = \nabla \times \vec{A} = \left(\vec{i}\frac{\partial}{\partial x} + \vec{j}\frac{\partial}{\partial y} + \vec{k}\frac{\partial}{\partial z}\right) \times \left(A_x \vec{i} + A_y \vec{j} + A_z \vec{k}\right)$$

$$= \left(\frac{\partial A_z}{\partial y} - \frac{\partial A_y}{\partial z}\right)\vec{i} + \left(\frac{\partial A_x}{\partial z} - \frac{\partial A_z}{\partial x}\right)\vec{j} + \left(\frac{\partial A_y}{\partial x} - \frac{\partial A_x}{\partial y}\right)\vec{k}$$

形式的に行列式でも表せる．

$$\mathrm{rot}\, \vec{A} = \begin{vmatrix} \vec{i} & \vec{j} & \vec{k} \\ \dfrac{\partial}{\partial x} & \dfrac{\partial}{\partial y} & \dfrac{\partial}{\partial z} \\ A_x & A_y & A_z \end{vmatrix}$$

$\dfrac{\partial}{\partial x}$ は偏微分とよばれ，y, z を変化させないで x のみを変化させたときの微分である．$\dfrac{\partial}{\partial y}$, $\dfrac{\partial}{\partial z}$ も同様に考える．

逆に U が知れていると $\vec{F}$ が求められる．

$$U_\mathrm{P} = -\int_{\mathrm{O(C)}}^{\mathrm{P}} \vec{F} \cdot d\vec{s}, \quad d\vec{s} = (dx, dy, dz)$$

より微小変位は,

$$-\vec{F}\cdot d\vec{s} = dU$$

と書ける.ここで,位置の関数 $U(x, y, z)$ の全微分は,

$$dU = \frac{\partial U}{\partial x}dx + \frac{\partial U}{\partial y}dy + \frac{\partial U}{\partial z}dz$$

一方,スカラー積 $\vec{F}\cdot d\vec{s}$ を成分で表すと,

$$\vec{F}\cdot d\vec{s} = F_x dx + F_y dy + F_z dz$$

である.これら2式から,

$$F_x = -\frac{\partial U}{\partial x}, \quad F_y = -\frac{\partial U}{\partial y}, \quad F_z = -\frac{\partial U}{\partial z}$$

この式は,

$$F_1 = -\left(\frac{\partial}{\partial x}, \frac{\partial}{\partial y}, \frac{\partial}{\partial z}\right)U$$

と書ける.

∇(ナブラ)$=\left(\dfrac{\partial}{\partial x}, \dfrac{\partial}{\partial y}, \dfrac{\partial}{\partial z}\right)$ という演算子を用いると,

$$\vec{F} = -\nabla U$$

∇U は grad U とも書かれる.
∇U を U の勾配(gradient)ともいう.
この式で U から $\vec{F}$ を求めることができる.

例題 4.1

$A_x = x^2 + xy + y^2$ の偏微分 $\dfrac{\partial A_x}{\partial x}$, $\dfrac{\partial A_x}{\partial y}$ を求めよ.

解 y を定数と考えて,たとえば $y = c$ とおくと,$A_x = x^2 + cx + c^2$. これを x で微分したものが $\dfrac{\partial A_x}{\partial x}$ であるから,

$$\frac{\partial A_x}{\partial x} = 2x + c = 2x + y, \quad \text{同様にして} \quad \frac{\partial A_x}{\partial y} = x + 2y$$

例題 4.2
$\vec{A} = (A_x, A_y, A_z) = (-y^2, x^2, 0)$ のとき $\vec{B} = \operatorname{rot} \vec{A}$ を求めよ.

解

$$B_x = \frac{\partial A_z}{\partial y} - \frac{\partial A_y}{\partial z} = 0, \quad B_y = \frac{\partial A_x}{\partial z} - \frac{\partial A_z}{\partial x} = 0$$

$$B_z = \frac{\partial A_y}{\partial x} - \frac{\partial A_x}{\partial y} = 2x + 2y$$

となる.

$$\therefore \vec{B} = (0, 0, 2x + 2y)$$

例題 4.3
力 F がポテンシャル U から導かれ $\vec{F} = -\nabla U$ が成り立てば, $\operatorname{rot} \vec{F} = \vec{0}$ であることを証明せよ.

解
$\operatorname{rot} \vec{F}$ の x 成分は,

$$(\operatorname{rot} F)_x = \frac{\partial F_z}{\partial y} - \frac{\partial F_y}{\partial z} = -\frac{\partial^2 U}{\partial y \partial z} + \frac{\partial^2 U}{\partial z \partial y} = 0$$

となる. y, z 成分も同様である.

ここで, $\nabla U = -\left(\dfrac{\partial U}{\partial x}, \dfrac{\partial U}{\partial y}, \dfrac{\partial U}{\partial z}\right)$ を用いている.

$\operatorname{rot} \vec{F} = \vec{0}$ は力 $\vec{F}$ が保存力であるための条件であるから, $\vec{F} = -\nabla U$ はポテンシャル U がわかっているとき保存力 $\vec{F}$ を求める式であることを意味している. まとめると, 力 $\vec{F}$ が保存力か非保存力か判定するには,
$\operatorname{rot} \vec{F} = \vec{0}$ なら保存力, $\operatorname{rot} \vec{F} \neq \vec{0}$ なら非保存力とする.
保存力 $\vec{F}$ に対してポテンシャルエネルギーは,

$$U_\mathrm{p} = -\int_\mathrm{O}^\mathrm{P} \vec{F} \cdot d\vec{s}$$

で計算する. U がわかっているときは力 $\vec{F}$ は,

$$\vec{F} = -\nabla U$$

で求める.

例題 4.4

$U(x, y, z) = -\dfrac{1}{3}(x^3 + y^3 + z^3)$ は,

力 $\vec{F} = (F_x, F_y, F_z) = (x^2, y^2, z^2)$

のポテンシャルであることを, $\vec{F} = -\nabla U$

を用いて確かめよ.

解

$$\nabla (= \mathrm{grad})\, U = \left(\dfrac{\partial U}{\partial x}, \dfrac{\partial U}{\partial y}, \dfrac{\partial U}{\partial z}\right) = (-x^2, -y^2, -z^2)$$

$$\therefore \quad -\nabla U = (x^2, y^2, z^2) = \vec{F}$$

例題 4.5

図 4.4 のように, 点 O にある質量 m の物体を経路 $C_1(O \to P)$ に沿って点 P まで移動させる仕事を W_1 とする.

(1) 仕事 W_1 と, 経路 $C_2(O \to P' \to P)$ に沿って点 P まで移動させる仕事 W_2 を求めよ.

$\angle POP' = \theta$, $PP' = h$ とする.

(2) $\vec{F} = m\vec{g}$ が保存力であることを示せ.

(3) 重力による位置エネルギーを求めよ. ただし, 点 O を通る水平面を基準にとる.

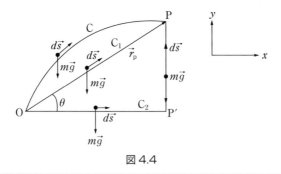

図 4.4

解

(1) はたらいている力 $\vec{F}$ は重力 $m\vec{g}$ だけである.

$$W_1 = -\int_\text{O}^\text{P} \vec{F} \cdot d\vec{s} = -mg\int_\text{O}^\text{P} ds\cos\left(\frac{\pi}{2}+\theta\right) = +mg\sin\theta\int_\text{O}^{h/\sin\theta} ds = mgh$$

$$W_2 = -\int_{\text{O(P')}}^\text{P} \vec{F}\cdot d\vec{s} = -\int_\text{O}^{\text{P'}} mgds\cos\frac{\pi}{2} - \int_\text{P}^\text{P} mgds\cos\pi = +mg\int_\text{O}^h ds = mgh$$

$$W_1 = W_2$$

経路によらないので保存力といえる.

(2) 図のように x, y 軸をとる.

$$\vec{F} = (F_x, F_y, F_z) = (0, -mg, 0)$$
$$\text{rot}\,\vec{F} = (0, 0, 0) = \vec{0}$$

よって保存力である.

(3) $U(\vec{r}_\text{p}) = -\int_{\text{O(C)}}^\text{P} \vec{F}\cdot d\vec{s} = -\int_{\text{O(C)}}^\text{P} (F_x dx + F_y dy + F_z dz)$

$\vec{F} = (0, -mg, 0)$ とあわせると

$$U(\vec{r}_\text{p}) = -\int_{\text{O(C)}}^\text{P} F_y dy = mg\int_\text{O}^h mg dy = mgh$$

最後の積分は O と P の y 座標だけできまり,経路 C によらない(任意にとれる).

したがって,これからも重力は保存力であることがわかる.

$$\therefore\quad U(\vec{r}_\text{p}) = mgh$$

例題 4.6

ばねの弾性力 $\vec{F} = -k\vec{r}$, $\vec{r} = (x, y, z)$ は保存力か.

保存力なら,点 P における弾性力によるポテンシャル・エネルギー $U(\vec{r}_\text{p})$ を求めよ.

解

$$\vec{F} = -k\vec{r},\quad \vec{r} = (x, y, z)$$

$$\text{rot}\,\vec{F} = \left(\frac{\partial F_z}{\partial y}-\frac{\partial F_y}{\partial z},\ \frac{\partial F_x}{\partial z}-\frac{\partial F_z}{\partial x},\ \frac{\partial F_y}{\partial x}-\frac{\partial F_x}{\partial y}\right) = (0, 0, 0)$$

よって,保存力である. $d\vec{s} = (dx, dy, dz)$ なので,

$$U(\vec{r}_\text{p}) = -\int_{\text{O(C)}}^\text{P} (-k\vec{r})\cdot d\vec{s} = k\int_{\text{O(C)}}^\text{P} (xdx + ydy + zdz)$$

最後の積分は基準点 O と終点 P の位置 $\vec{r}_p$ = (x_p, y_p, z_p) だけできまり途中の経路 C に無関係である（図 4.5）.

したがって，これからも弾性力は保存力であることがわかる．弾性力によるポテンシャル・エネルギーは，

$$U(\vec{r}_p) = k\frac{1}{2}(x_p^2 + y_p^2 + z_p^2) = \frac{1}{2}k\vec{r}_p^{\,2}$$

と求められる．ベクトルチェック，

$$\vec{r}_p^{\,2} = \vec{r}_p \cdot \vec{r}_p = |\vec{r}_p||\vec{r}_p|\cos 0 = |\vec{r}_p|^2 = r_p^2$$
$$r_p = \sqrt{x_p^2 + y_p^2 + z_p^2}$$

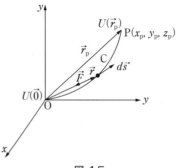

図 4.5

基準点 O($\vec{r}_p = \vec{0}$) をばねの自然長の位置にとることが多い．このとき，$U(\vec{0}) = 0$ である．

参考　成分表示を用いない方法

弾性力は $\vec{F}(\vec{r}) = -k\vec{r} = -kr\vec{e}_r$ と書ける．
$\vec{e}_r = \dfrac{\vec{r}}{r}$ は $\vec{r}$ 方向の単位ベクトルである．
$\vec{F}(\vec{r}) = F(r)\vec{e}_r$，$F(r) = -kr$ となり中心力の条件を満たす．
$d\vec{s} = d\vec{r}$，$\vec{e}_r \cdot d\vec{r} = dr$ の関係より，$\vec{F} \cdot d\vec{s} = F(r)\vec{e}_r \cdot d\vec{r} = F(r)dr$
となる．

$$U(\vec{r}_p) = -\int_{O(C)}^{P} \vec{F} \cdot d\vec{s} = -\int_{O(C)}^{P}(-kr)dr = \frac{1}{2}kr_p^2$$

等方的な中心力は保存力であることがわかる．

例題 4.7
　　万有引力によるポテンシャル・エネルギーを求めよ．

解

原点 O に質量 M の物体があり，そこから $\vec{r}$ の位置 P にある質量 m の物体の受ける万有引力は，

$$\vec{F} = -G\frac{mM}{r^2}\left(\frac{\vec{r}}{r}\right) = -G\frac{mM}{r^2}\vec{e}_r$$

と表される（図 4.6）．$\vec{e}_r$ は $+r$ 方向を向いた単位ベクトルである．

$$\vec{F}(\vec{r}) = f(r)\vec{r} = F(r)\vec{e}_r, \quad f(r) = -G\frac{mM}{r^3},$$

$$F(r) = -G\frac{mM}{r^2}$$

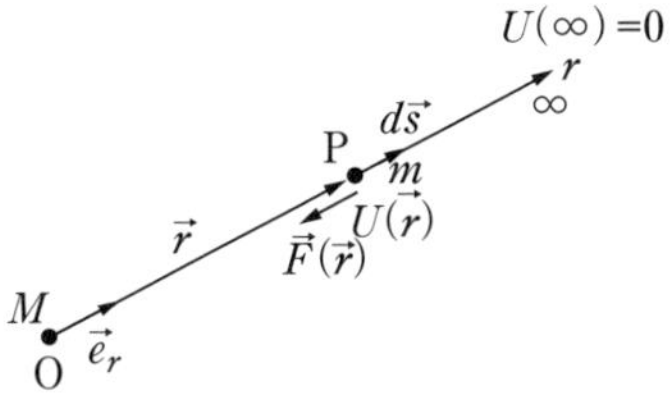

と表される．等方的な中心力の条件を満たしているので保存力である

図 4.6

$$d\vec{s} = d\vec{r}, \quad \vec{r}\cdot d\vec{s} = \vec{r}\cdot d\vec{r} = rdr, \quad \vec{e}_r\cdot d\vec{s} = \vec{e}_r\cdot d\vec{r} = dr$$

に注意すると，ポテンシャルエネルギーは，

基準点は原点 O ではなく無限遠 $r \to \infty$ にとると，

$$U(\vec{r}) = -\int_O^P F(r)\vec{e}_r\cdot d\vec{s} = -\int_\infty^r F(r)\,dr$$

$$= GmM\int_\infty^r \frac{1}{r^2}dr = GmM\left[-\frac{1}{r}\right]_\infty^r = -G\frac{mM}{r}$$

$$\therefore \quad U(\vec{r}) = -G\frac{mM}{r}$$

5 いろいろな運動

運動方程式 $m\vec{a}=\vec{F}$ が物体の運動をきめる基本式である.
物体にどのような力がはたらいているかがわかれば,
この微分方程式を解いて,
物体がどのような運動をするかがわかる.
落体の運動やばねにつけたおもりの運動,
さらに,単振動の応用として夢の重力列車など,
初等的に解ける具体的な力の例を示し,
運動方程式が力学のエッセンシャルな方法であることを
理解する.

5.1 運動方程式のたて方

(1) 運動方程式 $m\vec{a} = \vec{F}$ はベクトル式である．着目する物体にはたらく接触力（垂直抗力・摩擦力・張力・弾性力など）や遠隔力（重力）をすべて図中に書き込む．
(2) 物体ごとに運動方程式を立てる．右辺の $\vec{F}$ にはすべてはたらいている力を含める：$\vec{F} = \sum_j \vec{F}_j$．

作用・反作用の関係にある力があるときは，どちらか着目している物体の作用点にどの向きにはたらくかを注意して描く．
(3) 運動する向きを想定し x, y 座標軸を設定し，運動方程式を成分表示して解く．

x 軸だけの 1 次元（一直線上）運動のとき，x や v や F を 1 次元ベクトルと考えてよい．したがって，x, v, F は正負の値をとりうる．y 軸方向には運動しないので，$\vec{F} = (F_x, 0)$ となりこの方向では力のつりあいの式が成り立つ．

例題 5.1

図 5.1 に示すように，なめらかな水平面上におかれた 3 物体 A, B, C があり，A を右向きに大きさ F の力で水平方向に押すと，A, B, C は接したまま右に動く．A, B, C の質量がそれぞれ m_1, m_2, m_3 のとき，これらの物体の加速度の大きさ a と，B が A を押す力の大きさ F_{AB} と，C が B を押す力の大きさ F_{BC} を求めよ．

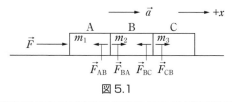

図 5.1

解

図 5.1 のように，右向きに $+x$ 軸をとる．A, B, C の運動方程式はそれぞれ，

$$A: m_1 a = F - F_{AB} \qquad ①$$
$$B: m_2 a = F_{BA} - F_{BC} \qquad ②$$
$$C: m_3 a = F_{CB} \qquad ③$$

となる．$\vec{F}_{AB}$ は $\vec{F}_{BA}$ の反作用で $\vec{F}_{BA} + \vec{F}_{AB} = \vec{0}$ ($F_{BA} = F_{AB}$)，$\vec{F}_{BC}$ は $\vec{F}_{CB}$ の反作用で $\vec{F}_{CB} + \vec{F}_{BC} = \vec{0}$ ($F_{CB} = F_{BC}$)，の関係が成り立っている．

①,②,③より,

$$a = \frac{F}{m_1 + m_2 + m_3}, \quad F_{AB} = \frac{m_2 + m_3}{m_1 + m_2 + m_3}F, \quad F_{BC} = \frac{m_3}{m_1 + m_2 + m_3}F$$

例題 5.2

図 5.2 のように,質量 m_1, m_2, m_3 の物体 A, B, C の AB 間と,BC 間を糸でつなぎ,物体 C を水平方向右向きに F の大きさの力で引き続けたとき,a (物体全体の加速度の大きさ),F_{AB}(B が A を引く力の大きさ),F_{BC}(C が B を引く力の大きさ)を求めよ.

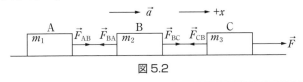

図 5.2

解

$$A: m_1 a = F_{AB} \qquad ①$$
$$B: m_2 a = F_{BC} - F_{BA} \qquad ②$$
$$C: m_3 a = F - F_{CB} \qquad ③$$

①,②,③より,

$$a = \frac{F}{m_1 + m_2 + m_3}, \quad F_{AB} = \frac{m_1}{m_1 + m_2 + m_3}F, \quad F_{BC} = \frac{m_1 + m_2}{m_1 + m_2 + m_3}F$$

5.2 重力のもとでの運動

■自由落下

初速度 0 で物体が真下に落下するときの運動を自由落下という.図 5.3 のように,自由落下を始めた位置を座標の原点 O として,鉛直下向きに $+y$ 軸(y 軸の正の向き)をとる.はたらいている力は重力 $m\vec{g}$ のみで,向きは $+y$ 方向である.したがって,運動方程式は,物体の質量を m とすると,

$$m\vec{a} = m\vec{g}$$

である.$\vec{a} = (0, a_y, 0)$, $\vec{g} = (0, g, 0)$ であるから,

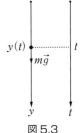

図 5.3

$$ma_y = mg$$

となる．両辺を m で割ると，加速度 $a_y = g$（一定）が導かれる．これから，時刻 t における速度 $v_y(t)$ と位置の座標 $y(t)$ が求められる．まず，微分方程式，

$$a_y = \frac{dv_y}{dt} = g$$

の右辺を t で積分すると，$v_y(t)$ が，

$$v_y(t) = \int g dt = gt + C_1$$

と求められる．

積分定数 C_1 は，初期条件 $v_y(0) = 0$ を満たすようにきめられる．

$$v_y(0) = 0 = g \cdot 0 + C_1 \rightarrow C_1 = 0$$

$v_y(t)$ をもういちど t で積分すると，$y(t)$ が，

$$y(t) = \int gt dt = \frac{1}{2}gt^2 + C_2$$

と求められる．

積分定数 C_2 は，初期条件 $y(0) = 0$ を満たすようにきめられる．

$$y(0) = 0 = \frac{1}{2}g \cdot 0^2 + C_2 \rightarrow C_2 = 0$$

これから，自由落下運動の時刻 t における $v_y(t)$，$y(t)$ は，

$$v_y(t) = gt, \quad y(t) = \frac{1}{2}gt^2$$

と表されることがわかる．

例題 5.3 空気抵抗を受ける物体の運動

質量 m の雨滴が，速度に比例した空気の抵抗力（粘性抵抗力）$-k\vec{v}$ を受けながら，初速度 $\vec{v}_0 = \vec{0}$ で鉛直下方に落下している（図 5.4）．この雨滴の時刻 t における速度 $\vec{v}(t)$ と落下距離 $x(t)$ を求めよ．ただし，鉛直下向きに $+x$ 軸をとるものとする．

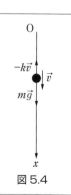

図 5.4

解

雨滴の運動方程式は，$\vec{v}=(v,0,0)$ なので，

$$m\frac{dv}{dt}=mg-kv$$

となる．$v-\dfrac{mg}{k}=V$ とおくと，$dv=dV$ であるから，

$$m\frac{dv}{dt}=-k\left(v-\frac{mg}{k}\right) \rightarrow m\frac{dV}{dt}=-kV$$

と書き換えられる．変数分離して，

$$\int\frac{dV}{V}=-\frac{k}{m}\int dt$$

$$\therefore \quad \log_e|V|=-\frac{k}{m}t+C_1 \ (C_1\text{ は積分定数})$$

すなわち，

$$|V|=e^{-\frac{k}{m}t+C_1}$$

である．

$$V\geqq 0 \rightarrow V=e^{C_1}e^{-\frac{k}{m}t}$$
$$V<0 \rightarrow V=-e^{C_1}e^{-\frac{k}{m}t}$$

なので，$\pm e^{C_1}=C$ と書くと，

$$V=Ce^{-\frac{k}{m}t}$$

となる．これから，

$$v=\frac{mg}{k}+Ce^{-\frac{k}{m}t}$$

初期条件 $t=0$ で $v=v_0=0$ より，

$$C=-\frac{mg}{k}$$

をえる．したがって，

$$v(t)=\frac{mg}{k}\left(1-e^{-\frac{k}{m}t}\right)$$

となる．$t\to\infty$ で $e^{-kt/m}\to e^{-\infty}=0$ なので，

$$v = v_f = \frac{mg}{k}$$

となる．この v_f を終端速度という．v_f そのものはもとの運動方程式の左辺を 0 として直ちにえられる．v-t グラフを図 5.5 に示す．落下距離 $x(t)$ は初期条件 $t=0$，$x=0$ のもとで $v(t)$ を t で積分して，次のように求まる．

$$x(t) = \frac{mg}{k}t - \frac{m^2 g}{k^2}\left(1 - e^{-\frac{k}{m}t}\right)$$

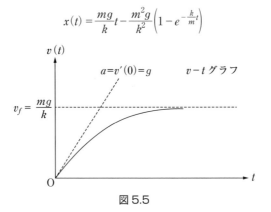

図 5.5

参考

$x(t)$ のありさまは図 5.6 のようになる．$t \to \infty$ で曲線の傾きは $\frac{mg}{k}$ になる．$x'' = ge^{-\frac{k}{m}t} > 0$ なので，x は下に凸のグラフになる．

加速度は，

$$a = \frac{dv}{dt} = ge^{-\frac{k}{m}t}$$

となる．

$t=0$ のとき $a=g$ で自由落下の加速度と一致する．

a-t グラフは図 5.7 のようになる．

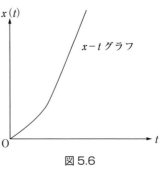

図 5.6

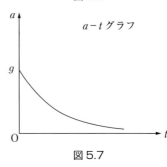

図 5.7

5 いろいろな運動

■水平投射

物体を速さ v_0 で水平に投げたときの運動(水平投射)について考える.図 5.8 のように,投げ出された点を原点 O として,初速度 $\vec{v_0}$ の向きに $+x$ 軸,鉛直下向きに $+y$ 軸をとり,投げ出された時刻を 0 として,時刻 t における物体の位置 P の座標 (x, y),速度 $\vec{v}$ の x, y 成分を (v_x, v_y) とする.はたらいている力 $\vec{F}$ の成分は $(0, mg)$ であるから,運動方程式は,

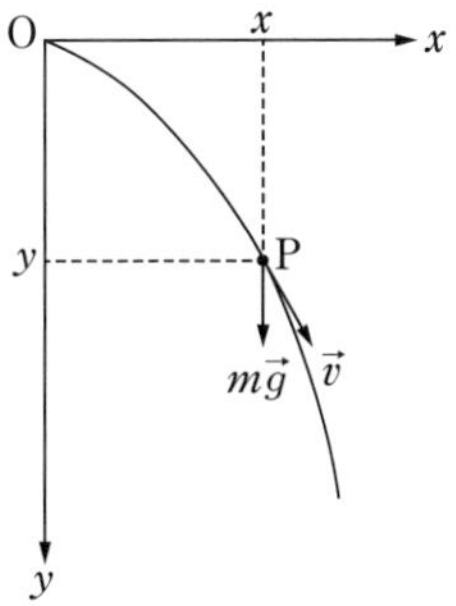

$$m\vec{a} = \vec{F} \rightarrow m(a_x, a_y) = (0, mg)$$

図 5.8

となる.両辺の x, y 成分を等しいとおいて,x, y 方向の運動方程式は,

$$x\,方向 \quad ma_x = 0$$
$$y\,方向 \quad ma_y = mg$$

となる.これから,$a_x = 0$,$a_y = g$ がえられる.

初期条件 $v_x(0) = v_0$,$x(0) = 0$,$y(0) = 0$ を満たすように,それぞれの成分の積分定数をきめると,

$$v_x(t) = v_0, \quad x(t) = v_0 t$$
$$v_y(t) = gt, \quad y(t) = \frac{1}{2}gt^2$$

が求められる.両式から,t を消去すると,

$$y = \frac{g}{2v_0^2}x^2$$

がえられる.この式は,物体の運動の経路(軌道)を表し,図 5.8 のように原点 O を頂点とし,y 軸を軸とする放物線であることを示している.

■斜方投射

物体を斜め上方に投げたときの運動(斜方投射)を次の例題を通して理解しよう.

例題 5.4

図 5.9 のように，水平な地上面で，仰角（水平となす角）θ で，斜め上方に初速（初速度の大きさ）v_0 で質量 m の小球 P を投げ上げた．小球を投げ上げた時刻を $t=0$ とし，投げ上げた位置を原点 O として，水平方向に x 軸，鉛直上向きに y 軸をとる．

(1) 小球 P にはたらく重力 $\vec{mg}$ の成分を書き表せ．
　　ある時刻 t での P の位置ベクトルを $\vec{r}(t) = (x(t), y(t))$，速度ベクトルを $\vec{v}(t) = (v_x(t), v_y(t))$ とする．
(2) P についての運動方程式を書け．
(3) この運動方程式の初期条件を書け．
(4) ある時刻 t における速度 $\vec{v}(t)$ と位置ベクトル $\vec{r}(t)$ を求めよ．
(5) P の運動の経路（軌道）を表す式を求めよ．
(6) 初速 v_0 が一定のとき，P を最も遠くまで投げるための仰角 θ を求めよ．

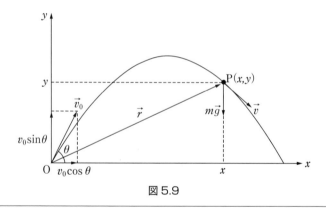

図 5.9

解

(1) 重力は鉛直下向きに大きさ mg なので，
$$\vec{mg} = (0, -mg) \qquad ①$$

(2) 加速度ベクトルを $\vec{a}$ とすると，運動方程式 $m\vec{a} = \vec{F}$ は $\vec{a} = \dfrac{d\vec{v}}{dt} = \dfrac{d^2\vec{r}}{dt^2}$ なので，
$$m\left(\dfrac{d^2x(t)}{dt^2}, \dfrac{d^2y(t)}{dt^2}\right) = (0, -mg) \qquad ②$$

(3)
$$\vec{v}(0) = (v_x(0), v_y(0)) = (v_0\cos\theta, v_0\sin\theta) \qquad ③$$
$$\vec{r}(0) = (x(0), y(0)) = (0, 0) \qquad ④$$

(4) ②の両辺を t で積分して,
$$(v_x(t), v_y(t)) = (C_1, -gt + C_2) \qquad ⑤$$

積分定数 C_1, C_2 は初期条件③より,
$$C_1 = v_0\cos\theta, \quad C_2 = v_0\sin\theta \qquad ⑥$$
$$\therefore \vec{v}(t) = (v_x(t), v_y(t)) = (v_0\cos\theta, -gt + v_0\sin\theta) \qquad ⑦$$

⑦を積分して,
$$(x(t), y(t)) = \left(v_0\cos\theta \cdot t + C_3, -\frac{1}{2}gt^2 + v_0\sin\theta \cdot t + C_4\right) \qquad ⑧$$

積分定数 C_3, C_4 は初期条件④より,
$$C_3 = 0, \quad C_4 = 0 \qquad ⑨$$
$$\therefore \vec{r}(t) = (x(t), y(t)) = \left(v_0\cos\theta \cdot t, -\frac{1}{2}gt^2 + v_0\sin\theta \cdot t\right) \qquad ⑩$$

(5) 物体の経路を表す式は, ⑩より t を消去すればよい.
$$y = -\frac{g}{2v_0^2\cos^2\theta}x^2 + \tan\theta \cdot x \qquad ⑪$$

(6) 小球 P が地面に落下する位置は, ⑪で $y=0$ とし, $x\neq 0$ の解を求めて,
$$x = \frac{2v_0^2}{g}\sin\theta\cos\theta = \frac{v_0^2}{g}\sin 2\theta \qquad ⑫$$

ここで, 三角関数の2倍角の公式 $\sin 2\theta = 2\sin\theta\cos\theta$ を用いた.
よって, x が最大になるのは, $\sin 2\theta = 1$ のときだから,
$$2\theta = 90° \quad \therefore \quad \theta = 45° \qquad ⑬$$

このとき $x_{max} = \dfrac{v_0^2}{g}$

最大になる高さは,
$v_y(t) = 0$ より,
$$t = \frac{v_0\sin\theta}{g}$$

⑩に代入すると,

$$y = \frac{v_0^2 \sin^2\theta}{2g}$$

$\theta = 45°$ のとき,

$$x_{max} = \frac{v_0^2}{4g}$$

例題 5.5

図 5.10 のように，水平面と角 θ をなす斜面上の点 O から，斜面に対して角 α で物体を初速 v_0 で（時刻 $t=0$）投げると，斜面上の点 P に落下した．

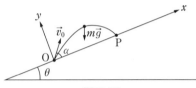

図 5.10

斜面に沿って x 軸，斜面に垂直に y 軸をとり，動力の加速度の大きさを g として，次の問いに答えよ．ただし，$0 < \theta + \alpha < \dfrac{\pi}{2}$ とする.

(1) x, y 方向の運動方程式を求めよ．加速度 $\vec{a}$ を求めよ．
(2) 投げた後の時刻 t における物体の速度 $\vec{v}$ と位置 $\vec{r}$ を求めよ．
(3) 物体が斜面に落下した時刻 T を求めよ．
(4) 点 O から物体が斜面に落下した位置 P までの距離 X を求めよ．
(5) v_0 が一定のとき，物体をできるだけ遠くまで到達させるための角 α_m を求めよ．そのときの距離 X_m を求めよ．
(6) θ と v_0 が一定のとき，物体が斜面に垂直に落下するときの $\tan \alpha$ を求めよ．

解

$\vec{F} = (-mg\sin\theta, -mg\cos\theta)$ であるから，$m\vec{a} = \vec{F}$ の成分表示は，

(1)
$$x : ma_x = -mg\sin\theta$$
$$y : ma_y = -mg\cos\theta$$

となる.

$$\vec{a} = (a_x, a_y) = (-g\sin\theta, -g\cos\theta)$$

(2)
$$\vec{v} = (v_x, v_y) = (v_0\cos\alpha - (g\sin\theta)t, v_0\sin\alpha - (g\cos\theta)t)$$

$$\vec{r} = (x, y) = \left((v_0 \cos \alpha)t - \frac{1}{2}(g \sin \theta)t^2,\ (v_0 \sin \alpha)t - \frac{1}{2}(g \cos \theta)t^2\right)$$

(3) $y = 0$ より,
$$T = \frac{2v_0 \sin \alpha}{g \cos \theta}$$

(4)
$$X = x(T) = v_0 \cos \alpha \frac{2v_0 \sin \alpha}{g \cos \theta} - \frac{1}{2}(g \sin \theta)\left(\frac{2v_0 \sin \alpha}{g \cos \theta}\right)^2$$

$$= \frac{2v_0^2 \sin \alpha}{g \cos \theta}\left(\cos \alpha - \frac{\sin \theta \sin \alpha}{\cos \theta}\right)$$

$$= \frac{2v_0^2 \sin \alpha}{g \cos \theta} \cdot \frac{\cos \alpha \cos \theta - \sin \alpha \sin \theta}{\cos \theta}$$

$$= \frac{2v_0^2 \sin \alpha \cos(\alpha + \theta)}{g \cos^2 \theta}$$

ここで,数学公式 $\cos(A+B) = \cos A \cos B - \sin A \sin B$ を用いた.

(5) α を変数とみなし,X を次のように変形する.

(4)の結果を,

$\sin A \cos B = \frac{1}{2}[\sin(A+B) + \sin(A-B)]$ を用いて書き直すと,

$\sin \alpha \cos(\alpha + \theta) = \frac{1}{2}[\sin(2\alpha + \theta) + \sin(-\theta)]$ なので,

$$X = \frac{2v_0^2}{g \cos^2 \theta} \frac{1}{2}[\sin(2\alpha + \theta) - \sin \theta]$$

$$= \frac{v_0^2}{g \cos^2 \theta}[\sin(2\alpha + \theta) - \sin \theta]\ \text{となる}.$$

X が最大になるのは,

$$\sin(2\alpha + \theta) = 1\ \rightarrow\ 2\alpha + \theta = \frac{\pi}{2}$$

または,

$$\frac{dX}{d\alpha} = 0\ \rightarrow\ \cos(2\alpha + \theta) = 0\ \rightarrow\ 2\alpha + \theta = \frac{\pi}{2}$$

から,
$$\alpha_m = \frac{1}{2}\left(\frac{\pi}{2} - \theta\right)$$

これより,

$$X_m = \frac{v_0^2}{g\cos^2\theta}(1-\sin\theta)$$

$$= \frac{v_0^2}{(1+\sin\theta)g}$$

(6) $t=T$ で $v_x=0$ が成り立てばよい．

$$v_0\cos\alpha - g\sin\theta\frac{2v_0\sin\alpha}{g\cos\theta} = 0$$

$$\cos\alpha - 2\frac{\sin\theta}{\cos\theta}\sin\alpha = 0$$

$$2\tan\theta = \cot\alpha$$

$$\tan\alpha = \frac{1}{2\tan\theta}\quad\left(=\frac{1}{2}\cot\theta\right)$$

$\theta = \dfrac{\pi}{4}$ のとき $\tan\alpha = \dfrac{1}{2}$ となる．

例題 5.6

図 5.11(a) のように，水平面と角 α をなす xy 平面上を質量 m の物体が運動する場合を考える．動力加速度の大きさを g とし，物体と平面との摩擦はないものとする．

(1) 原点 O より物体を x 軸となす角 θ の方向へ初速 v_0 で打ち出した．xy 平面を運動する物体の運動方程式を求めよ．

(2) 物体が再び x 軸に戻るまでの時間 t と軌道の方程式を求めよ．

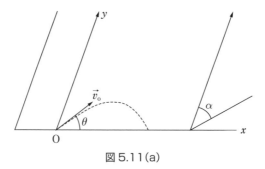

図 5.11(a)

解

(1) 物体にはたらく力は，図 5.11(b) からわかるように，

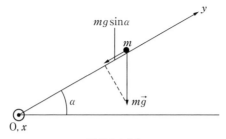

図 5.11(b)

$$\vec{F} = (0, -mg\sin\alpha)$$

なので,

$$m\vec{a} = \vec{F} \to x: ma_x = 0$$
$$y: ma_y = -mg\sin\alpha$$

となる.
(2) (1)の結果から,

$$a_x = 0 \qquad\qquad a_y = -g\sin\alpha$$
$$v_x = v_0\cos\theta \qquad v_y = v_0\sin\theta - (g\sin\alpha)t$$
$$x = v_0\cos\theta\, t \quad ① \qquad y = (v_0\sin\theta)t - \frac{1}{2}(g\sin\alpha)t^2 \quad ②$$

がえられる.
　この物体が再び x 軸に戻るのは,$y=0\,(t \neq 0)$ になるときである.

$$t\left(v_0\sin\theta - \frac{1}{2}(g\sin\alpha)t\right) = 0$$

$$t = \frac{2v_0\sin\theta}{g\sin\alpha}$$

この物体の軌道方程式は①, ②より t を消去して,

$$y = v_0\sin\theta\frac{x}{v_0\cos\theta} - \frac{1}{2}(g\sin\alpha)\left(\frac{x}{v_0\cos\theta}\right)^2$$

$$= \tan\theta \cdot x - \frac{g\sin\alpha}{2v_0^2\cos^2\theta}x^2$$

例題 5.7 モンキー・ハンティング

図 5.12 のように，木にぶらさがっているサル P に向けて小球 Q を初速 v で投げたところ，サルはその瞬間にびっくりして手を離し，自由落下していった．しかし，$v \geq v_0$ であれば小球は必ずサルに当たってしまう．v_0 はいくらか．ただし，はじめの P の高さを h，PQ 間の水平距離を l とする．

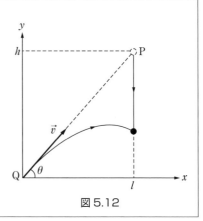

図 5.12

解

図のように，x, y 軸をとる．初速度 $\vec{v}$ が水平方向(x 軸)となす角を θ とする．Q の運動方程式は $ma_x = 0, ma_y = -mg$ であり，初期条件が，$t = 0$ で $Q(x, y) = Q(0, 0)$，初速度 $\vec{v} = (v\cos\theta, v\sin\theta)$ のもとに解くと，時刻 t における Q の座標 x_2, y_2 はそれぞれ，

$$x_2 = v\cos\theta \cdot t, \quad y_2 = v\sin\theta \cdot t - \frac{1}{2}gt^2$$

となる．ただし，

$$\tan\theta = \frac{h}{l}$$

一方，P の運動は自由落下で，時刻 t における P の座標 x_1, y_1 はそれぞれ，

$$x_1 = l, \quad y_1 = h - \frac{1}{2}gt^2$$

となる．ところで Q が $x_2 = l$ の位置まで到達する時間は，

$$t = \frac{l}{v\cos\theta} = \frac{\sqrt{l^2 + h^2}}{v}$$

このとき Q の高さは $y_2 = l\tan\theta - \frac{1}{2}gt^2 = h - \frac{1}{2}gt^2$ で，P の高さ $y_1 = h - \frac{1}{2}gt^2$ につねに等しい．よって小球 Q はサル P に必ず当たる．

v_0 は Q が P に当たる高さ y_0 が空中であることから求められる．

$$y_0(=y_1=y_2) = h - \frac{1}{2}g\left(\frac{l}{v\cos\theta}\right)^2 \geqq 0$$

より,

$$v \geqq \sqrt{\frac{g(l^2+h^2)}{2h}}$$

$$\therefore \quad v_0 = \sqrt{\frac{g(l^2+h^2)}{2h}}$$

問 例題 5.7 において,小球 Q がサル P に水平方向から当たるとき,v はいくらか.

解 Q が軌道の頂点で P に当たるので,$v_y=0$.

$$0 = v\sin\theta - g\cdot\frac{\sqrt{l^2+h^2}}{v}$$

$$\therefore \quad v = \sqrt{\frac{g(l^2+h^2)}{h}}$$

問 例題 5.7 において,
(1) 時刻 t における PQ 間の距離を求めよ.
(2) 時刻 t における P から見た Q の相対速度の x 方向,y 方向の成分の値 v_{21x},v_{21y} を求めよ.

解

(1) $\text{PQ} = \sqrt{(x_1-x_2)^2 + (y_1-y_2)^2}$
 $= \sqrt{(l-v_0\cos\theta\cdot t)^2 + (h-v_0\sin\theta\cdot t)^2}$

(2) 時刻 t における P,Q の速度 v_1,v_2 は,

$$v_1 = (0,\ -gt),\quad v_2 = (v\cos\theta,\ v\sin\theta - gt)$$

となる.P に対する Q の相対速度 v_{21} は,

$$v_{21} = v_2 - v_1 = (v\cos\theta - 0,\ v\sin\theta - gt - (-gt))$$
$$= (v\cos\theta,\ v\sin\theta)$$

となる.

$$\therefore \quad v_{21x} = v\cos\theta, \quad v_{21y} = v\sin\theta$$

なお，

$$\frac{v_{21y}}{v_{21x}} = \frac{\sin\theta}{\cos\theta} = \tan\theta$$

となるので，PからQを見ると初速v_0で傾角θの等速直線運動で近づいて見えることがわかる．

例題 5.8　摩擦力があるときの運動

図5.13のように，水平な床面においた質量Mの物体Aの上に質量mの物体Bがのっている．AとBとの間の静止摩擦係数をμ_0，動摩擦係数をμ_2，Aと床との間の動摩擦係数をμ_1として，次の問いに答えよ．

はじめに，水平方向右向きに大きさFの力を加えると，$F = F_{10}$を超えるとAとBは一体となって床面上を運動した（図5.13(a)）．

(1) A，B共通の加速度aを求めよ．
(2) A，Bが運動し始めるF_{10}はいくらか．
(3) BがAから受けている静止摩擦力の大きさfはいくらか．
(4) さらに$F(F_{10})$を大きくしていくと，$F = F_{20}$より大きな力を加えると，AとBは互いにすべりながら床面上を運動した（図5.13(b)）．F_{20}を求めよ．
(5) このとき，A，Bの床に対する加速度a_1, a_2を求めよ．

図 5.13

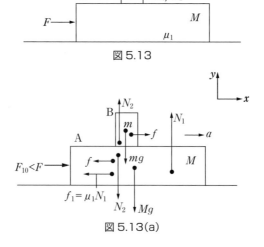

図 5.13(a)

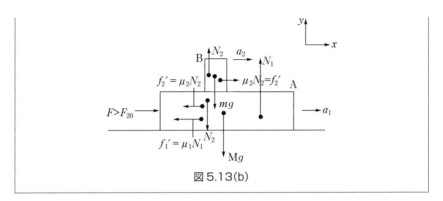

図 5.13(b)

解

(1) 図 5.13(a) のように x, y 軸をとる．B にはたらく静止摩擦力の大きさを f, B が A から受ける垂直抗力の大きさを N_2, A が床面から受ける動摩擦力の大きさを f_1, A が床から受ける垂直抗力の大きさを N_1 とする．A, B それぞれの x 方向の運動方程式と y 方向のつりあいの式は，

$$B \begin{cases} x : ma = f & ① \\ y : N_2 - mg = 0 & ② \end{cases} \qquad A \begin{cases} x : Ma = F - f - f_1 & ③ \\ y : N_1 - Mg - N_2 = 0 & ④ \end{cases}$$

① + ③

$$(M+m)a = F - f_1 = F - \mu_1 N_1 = F - \mu_1(M+m)g$$

$$a = \frac{F - \mu_1(M+m)g}{M+m}$$

(2) $a \geq 0$ より，

$$F \geq \mu_1(M+m)g$$

$$\therefore \quad F_{10} = \mu_1(M+m)g$$

(3) $f = ma = \dfrac{m}{M+m}[F - \mu_1(M+m)g]$

(4) B が A に対してすべり出すのは，

$$f \geq \mu_0 N_2 = \mu_0 mg$$

のときである．

$$F \geq (\mu_0 + \mu_1)(M+m)g$$

$$\therefore\ F_{20} = (\mu_0 + \mu_1)(M+m)g$$

(5) AB間にはたらく動摩擦力の大きさをf_2'，Aと床面間にはたらく動摩擦力の大きさをf_1'とすると，

$$\text{B}\begin{cases} x: ma_2 = f_2' & \text{⑤} \\ y: N_2 - mg = 0 & \text{⑥} \end{cases} \qquad \text{A}\begin{cases} x: Ma_1 = F - f_2' - f_1' & \text{⑦} \\ y: N_1 - Mg - N_2 = 0 & \text{⑧} \end{cases}$$

の関係が成り立つ．

ここで$f_2' = \mu_2 N_2 = \mu_2 mg$

$$f_1' = \mu_1 N_1 = \mu_1 (M+m)g\,(=f_1)$$

⑤より，

$$a_2 = \mu_2 g$$

⑦より，

$$a_1 = \frac{1}{M}[F - (\mu_2 m + \mu_1(M+m))g]$$

f, f_2'とFとの関係を図5.13(c)に示す．

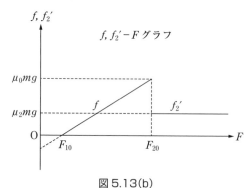

図5.13(b)

例題 5.9

図 5.14 のように，質量 m の物体を，水平と角 θ をなす斜面に沿い上向きに初速 v_0 で打ち出した．物体と斜面との間の静止摩擦係数を μ，動摩擦係数を μ' とする．

(1) 物体の運動方程式をたてよ．
(2) 時刻 t における物体の速度 $v(t)$ と位置 $x(t)$ を求めよ．
(3) 上昇し止まるまでの時間 t_1 と位置 x_1 を求めよ．
(4) 再びすべり落ちるための角 θ の条件を求めよ．
(5) 再びすべり落ちる場合，最初の位置に戻ったときの速度 v を求めよ．

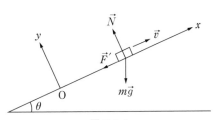

図 5.14

解

(1) はじめの位置を原点 O として，図 5.14 のように x, y 軸をとる．垂直抗力を $\vec{N}$，動摩擦力を $\vec{F'}$ とすると，運動方程式は，

$$m\frac{d^2\vec{r}}{dt^2} = m\vec{g} + \vec{F'} + \vec{N} \qquad ①$$

付加条件は，

$$F' = \mu' N \qquad ②$$

と表される．$m\vec{g} = (-mg\sin\theta, -mg\cos\theta)$，$\vec{F'} = (-F', 0)$，$\vec{N} = (0, N)$ であるから，

$$x \text{成分}: m\ddot{x} = -mg\sin\theta - \mu' N \qquad ③$$
$$y \text{成分}: m\ddot{y} = -mg\cos\theta + N \qquad ④$$

(2) 束縛条件：$y = 0 \rightarrow \ddot{y} = 0$ により，④から，

$$N = mg\cos\theta \qquad ⑤$$

⑤を③に代入して，

$$\ddot{x} = -(\sin\theta + \mu'\cos\theta)g \qquad ⑥$$

初期条件は，

$$v(0) = v_0, \quad x(0) = 0 \qquad ⑦$$

である．この条件を満たす⑥の解は，

$$v(t) = v_0 - (\sin\theta + \mu'\cos\theta)gt \qquad ⑧$$

$$x(t) = v_0 t - \frac{1}{2}(\sin\theta + \mu'\cos\theta)gt^2 \qquad ⑨$$

(3) ⑧より，

$$t_1 = \frac{v_0}{(\sin\theta + \mu'\cos\theta)g} \qquad ⑩$$

⑨，⑩より，

$$x_1 = \frac{v_0^2}{2(\sin\theta + \mu'\cos\theta)g} \qquad ⑪$$

(4) 止まった瞬間には静止摩擦力がはたらく．その最大値は $\mu N = \mu mg\cos\theta$ である．

$$\mu mg\cos\theta - mg\sin\theta < 0 \qquad ⑫$$

$$\therefore \quad \tan\theta > \mu \qquad ⑬$$

(5) すべり落ちるときは動摩擦力は $+x$ 方向にはたらくので，加速度は，

$$\ddot{x} = -(\sin\theta - \mu'\cos\theta)g \qquad ⑭$$

になる．

初期条件は，

$$v(t_1) = 0, \quad x(t_1) = x_1 \qquad ⑮$$

⑭を積分して，

$$v(t) = -(\sin\theta - \mu'\cos\theta)g(t - t_1) \qquad ⑯$$

$$x(t) = x_1 - \frac{1}{2}(\sin\theta - \mu'\cos\theta)g(t - t_1)^2 \qquad ⑰$$

$x = 0$ に達する時刻は，

$$t = t_1 + \sqrt{\frac{2x_1}{(\sin\theta - \mu'\cos\theta)g}} \qquad ⑱$$

よって，そのときの速度 v は，

$$v = -\sqrt{\frac{\sin\theta - \mu'\cos\theta}{\sin\theta + \mu'\cos\theta}}\, v_0 \qquad ⑲$$

例題 5.10 アトウッドの器械

図 5.15(a)のように,滑らかに回転する軽い定滑車に軽くて伸び縮みしない糸をかけ,その両端に質量 m_1, m_2($m_1 > m_2$)のおもり A, B をつけて静かにはなす.このとき,おもりの加速度の大きさ a と糸がおもりを引く力(張力)の大きさ T を求めよ.

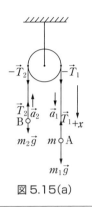

図 5.15(a)

解

おもり A の運動方程式は,鉛直下向に $+x$ 軸をとり,A の加速度を $\vec{a}_1$ とすると,

$$\text{A}: m_1\vec{a}_1 = m_1\vec{g} + \vec{T}_1 \rightarrow m_1 a_1 = m_1 g - T \quad \text{①}$$

B の運動方程式は B の加速度を $\vec{a}_2$ とすると,

$$\text{B}: m_2\vec{a}_2 = m_2\vec{g} + \vec{T}_2 \rightarrow m_2 a_2 = m_2 g - T \quad \text{②}$$

$\vec{a}_1 + \vec{a}_2 = \vec{0} \rightarrow a_1 + a_2 = 0$(下記の「参考」を参照)より, $a_1 = -a_2$ となる.
①−②から,

$$m_1 a_1 - m_2 a_2 = (m_1 - m_2)g$$
$$(m_1 + m_2)a_1 = (m_1 - m_2)g$$

$a_1 = |-a_2| = a$ とおくと,

$$a = \frac{m_1 - m_2}{m_1 + m_2}g, \quad T = \frac{2m_1 m_2}{m_1 + m_2}g$$

この方法で 1784 年イギリスのアトウッドはゆっくり落下するおもりの a を測って g の値を測定した.

参考

$a_1 + a_2 = 0$ になるわけ

物体 A, B の位置を,図 5.15(b)のように x 軸をとってそれぞれ x_1, x_2 とすると,糸が伸び縮みしないことを表す束縛条件は,

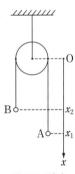

図 5.15(b)

$$x_1 + x_2 = C (一定)$$

である．両辺を時間微分すると速度について，

$$v_1 + v_2 = 0$$

さらに時間微分すると A，B の加速度 a_1，a_2 について，

$$a_1 + a_2 = 0$$

$a_1 = -a_2$ より鉛直下向きが正（$+x$ 軸）のとき $a_1 > 0$，$a_2 < 0$ となる．A が $a_1 = a$ で下降するとき，B は $|-a_2| = a$ で上昇していることがわかる．

例題 5.11　加速度が一定でない運動

図 5.16 のように，長さ a，質量 m のやわらかい一様なひも AB が，水平な台の上におかれ，その一部が台の右端 C から鉛直に b だけたれ下がった位置から初速 0 ですべり始める．この時を時刻 $t = 0$ とし，

C を原点 O とし，鉛直下向きに x 軸をとるとき，次の問いに答えよ．

(1) ひもが x だけたれ下がったときの速さ $v(x)$ を求めよ．
ただし $b \leq x \leq a$ とする．

(2) ひもがすべり始めて，ひもの端 A が C を通過する瞬間の速さ $v(a)$ を求めよ．

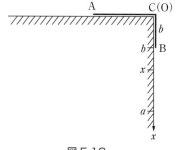

図 5.16

解

(1) 線密度を $\lambda (= m/a)$ とすると，
ひもの運動方程式は，

$$\lambda a \frac{d^2 x}{dt^2} = \lambda x g$$

$$\lambda a \frac{dv}{dt} = \lambda x g$$

$v = \dfrac{dx}{dt}$ なので v を左辺に，$\dfrac{dx}{dt}$ を右辺にかけて積分し，$x = b$ で，$v = 0$ により

5 いろいろな運動

積分定数をきめる．

$$\int \lambda a v \frac{dv}{dt} dt = \int \lambda x g \frac{dx}{dt} dt$$

$$\lambda a \int v\,dv = \lambda g \int x\,dx$$

$$\frac{1}{2} a v^2 = \frac{1}{2} g x^2 + C$$

ここで，$x = b$，$v = 0$ とすると，

$$C = -\frac{1}{2} g b^2$$

となる．

$$\therefore \quad v(x) = \sqrt{\frac{1}{a}(x^2 - b^2)g}$$

(2) (1)の結果を用いて，

$$v(a) = \sqrt{\frac{1}{a}(a^2 - b^2)g}$$

がえられる．

参考 高校物理では力学的エネルギー保存の法則を用いて求める．ひもの各パートの質量はパートの中点に重心の位置があるとし，位置エネルギーの基準点はひもの下端にとり，ひもの線密度を $\lambda \left(= \dfrac{m}{a}\right)$ とすると，

$$\lambda(a-b)ga + \lambda b g \left(a - \frac{b}{2}\right) = mg\frac{a}{2} + \frac{1}{2}mv(a)^2$$

が成り立つ．

これから，$v(a)$ がえられる．

5.3 単振動

ある定点を原点 O とし，O からの変位 $\vec{r}$ に比例する復元力（力がつねに原点 O を向いている）を受けて運動する質量 m の物体の運動方程式は，比例定数を $k(k>0)$ として，

$$m\frac{d^2\vec{r}}{dt^2} = -k\vec{r}$$

と書ける．復元力は中心力 $\vec{F} = f(r)\vec{r}$ の一種 ($f(r) = -k$) である．中心力をうけてい

る動体は平面運動するので，

$$\vec{r} = (x, y, 0)$$

としてよい．この場合の運動は楕円運動(2次元単振動)になる．ここでは，$\vec{r} = (x, 0, 0)$の場合，すなわち1次元の単振動を考える．このとき，運動方程式は，

$$m\frac{d^2 x}{dt^2} = -kx$$

となる．この式は$\frac{k}{m} = \omega_0^2$とおき，$\frac{d^2 x}{dt^2} = \ddot{x}$と表すと，

$$\ddot{x} + \omega_0^2 x = 0$$

と書き換えられる．この2階の微分方程式は単振動の微分方程式とよばれる．この方程式の解を指数関数解$x = e^{pt}$で求める．これを時間tで微分し，$\frac{dx}{dt} = \dot{x}$と表すと，

$$\dot{x} = pe^{pt}, \quad \ddot{x} = p^2 e^{pt}$$

の関係がえられる．上式に代入すると，

$$e^{pt}(p^2 + \omega_0^2) = 0$$

になるが，$e^{pt} \neq 0$なので，

$$p^2 + \omega_0^2 = 0$$

がえられる．これをこの微分方程式の特性方程式という．この解は，

$$p = \pm i\omega_0 \quad (i\text{ は虚数単位で }i^2 = -1)$$

である．これから，微分方程式の解は，

$$x_1 = e^{i\omega_0 t} = \cos \omega_0 t + i \sin \omega_0 t$$
$$x_2 = e^{-i\omega_0 t} = \cos \omega_0 t - i \sin \omega_0 t$$

となる．したがって，一般解は，C_1，C_2を任意の定数として，

$$x = C_1 e^{i\omega_0 t} + C_2 e^{-i\omega_0 t}$$
$$= (C_1 + C_2)\cos \omega_0 t + i(C_1 - C_2)\sin \omega_0 t$$

と表される．右辺は一般に複素数であるが，左辺のxは本来実数であることから，

C_1+C_2 が実数で，C_1-C_2 が純虚数でなければならない．$C_1=C_2{}^*$（*は共役な複素数を表す）なら（このとき $C_2=C_1{}^*$）この条件を満たす．そこで，$C_1=a+bi$（a, b は実数）と書くとき，$C_2=a-bi$ となる．このとき，$C_1+C_2=2a$, $i(C_1-C_2)=2bi^2=-2b$ になる．

結局，A, B を任意の定数として，

$$x = A\sin\omega_0 t + B\cos\omega_0 t$$

が実数の一般解である．さらに，$A=C\cos\phi$, $B=C\sin\phi$ とおけば，

$$x = C(\cos\phi\sin\omega_0 t + \sin\phi\cos\omega_0 t)$$
$$= C\sin(\omega_0 t + \phi) \quad \text{（正弦の加法定理を用いた）}$$

となる．ただし，

$$C = \sqrt{A^2+B^2}, \quad \tan\phi = \frac{B}{A}$$

である．このように，物体が単振動しているときの変位 x は時刻 t の正弦（ϕ の値により余弦）関数で記述される．$C\sin(\cdots)$ は $+C$ と $-C$ の間を変動する．C [m] を振幅，ω_0 [rad/s] を角振動数，$\dfrac{f}{2\pi}$ [1/s]（= [Hz]（ヘルツ））を振動数，f は 1 s（秒）間に物体が往復する回数を表し，その逆数 $T=\dfrac{1}{f}$ [s] を周期といい，1 往復に必要な時間を表す．角振動数・振動数・周期は，それぞれ等速円運動の角速度・回転数・周期に対応している．$\omega_0 t+\phi$ を位相，ϕ は $t=0$ における位相であるので初期位相とよぶ．2 つの任意の定数 C, ϕ は初期条件（運動開始時の条件：$t=0$ における物体の位置や初速度など）からきめられる．

例題 5.12 水平ばね振子

なめらかな水平面上で，一端を固定したばね定数 k のばねの他端に質量 m の小球 P を取りつける．ばねが自然長のときの P の位置を原点 O として，ばねがのびる向きに $+x$ 軸をとる（図 5.17）．ばねを a だけのばして時刻 $t=0$ に静かに放したとき，時刻 t における P の位置 $x(t)$，速度 $v(t)$，加速度 $a(t)$ を求めよ．

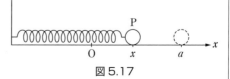

図 5.17

解　小球 P の運動方程式は,

$$m\frac{d^2x}{dt^2} = -kx$$

となる．この一般解は,

$$x(t) = C\sin(\omega_0 t + \phi)$$

$$v(t) = \frac{dx}{dt} = \omega_0 C\cos(\omega_0 t + \phi)$$

である．ただし，$\omega_0 = \sqrt{\dfrac{k}{m}}$，$C$, ϕ は任意定数．初期条件は $t=0$ で $x=a$，$v=0$ であるから,

$$C\sin\phi = a,\quad \omega_0 C\cos\phi = 0$$

これより，任意定数は,

$$\phi = \frac{\pi}{2},\quad C = a$$

と求まる．したがって,

$$x(t) = a\cos\omega_0 t$$
$$v(t) = -a\omega_0 \sin\omega_0 t$$
$$a(t) = -a\omega_0^2 \cos\omega_0 t$$

問　ばねが自然長のとき，時刻 $t=0$ で原点 O にある小球 P に $+x$ 軸方向に初速 v_0 を与えたとき，時刻 t における P の位置 $x(t)$ を求めよ．

解　$x(t) = C\sin(\omega_0 t + \phi)$　　$t=0$, $x(0) = 0$ → $\phi = 0$

$v(t) = C\omega_0 \cos(\omega_0 t + \phi)$　　$t=0$, $v(0) = C\omega_0 \cos\phi = v_0$ → $C = \dfrac{v_0}{\omega_0}$

$\therefore\quad x(t) = \dfrac{v_0}{\omega_0}\sin\omega_0 t,\quad v(t) = v_0 \cos\omega_0 t$

5 いろいろな運動

例題 5.13　鉛直ばね振子

図 5.18 のように，ばね定数 k のばねの上端を固定し，下端に質量 m のおもりを静かにつるすと，ばねは自然長から x_0 だけのびてつりあった．おもりのつりあいの位置からさらに下方に引っぱっておもりをはなすと，おもりは上下に振動を始めた．自然長の位置 O を原点とし，鉛直下向きを x 軸の正の向きとして，次の問いに答えよ．

(1) 自然長からののび x_0 はいくらか．
(2) おもりがつりあいの位置から変位 x の状態にあるとき，おもりの運動方程式を表せ．
(3) おもりは単振動することを示し，その周期 T を求めよ．

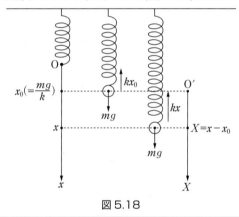

図 5.18

解
(1) おもりは重力とばねの弾性力でつりあっている．

$$mg - kx_0 = 0$$

$$\therefore \quad x_0 = \frac{mg}{k}$$

(2) おもりの運動方程式は，

$$m\ddot{x} = mg - kx$$

(3) おもりの運動方程式を次のように変形する．

$$m\ddot{x} = -k\left(x - \frac{mg}{k}\right)$$

いま，つりあいの位置を原点 O' とする座標軸 $X : X = x - \dfrac{mg}{k}$ を考える．$\ddot{x} = \ddot{X}$ であるから前ページの式は，

$$m\ddot{X} = -kX$$

と表され，単振動の微分方程式と一致する．したがって，一般解は，

$$X = C\sin(\omega_0 t + \phi) \quad \left(\omega_0 = \sqrt{\dfrac{k}{m}}\right)$$

これは，おもりがつりあいの位置を中心として単振動していることを示している．

これをもとの x で表すと，

$$x = C\sin(\omega_0 t + \phi) + \dfrac{mg}{k}$$

その周期 T は，

$$T = \dfrac{2\pi}{\omega_0} = 2\pi\sqrt{\dfrac{m}{k}}$$

これ（鉛直ばね振り子）は，自然長の位置を中心として振動する水平に置かれたばね（水平ばね振り子）の場合の周期と同じである．

例題 5.14　単振り子

図 5.19 に示すように，長さ l の糸の上端を固定し，下端に質量 m のおもり P をつけ，鉛直面内で左右に振らせる単振り子を考える．

振幅の小さい単振り子の周期 T を求めよ．

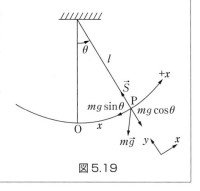

図 5.19

解

おもり P のつりあいの位置を原点 O にとり，半径 l の円周に沿って x 軸をとる．P の位置が x，糸と鉛直線とのなす角が θ のとき，P にはたらいている力は重力 $\vec{mg}$ と糸の張力 $\vec{S}$ である．

Pの運動方程式は,

接線成分(x方向)　　$m\dfrac{d^2x}{dt^2} = -mg\sin\theta$　　　　　　　　　　　①

向心成分(y方向)　　$m\dfrac{v^2}{l} = S - mg\cos\theta$　　　　　　　　　　②

この方程式を解くには,Pが円周上に束縛されて運動することを表す束縛条件,

$$x = l\theta$$

が必要である.さらに,θ が小さいとき,$\sin\theta$ のマクローリン展開,

$$\sin\theta = \theta - \frac{\theta^3}{3!} + \frac{\theta^5}{5!} - \cdots$$

より,$\sin\theta \fallingdotseq \theta$ としてよい.

θ を消去し,x だけの式にすると,

$$m\frac{d^2x}{dt^2} = -mg\theta = -mg\frac{x}{l}$$

$$\therefore\quad \frac{d^2x}{dt^2} = -\frac{g}{l}x$$

x を消去し θ だけの式にすると,

$$ml\frac{d^2\theta}{dt^2} = -mg\sin\theta$$

$$\frac{d^2\theta}{dt^2} = -\frac{g}{l}\theta$$

となる.x,θ とも単振動の方程式で $\omega_0^2 = \dfrac{g}{l}$ とおくと一般解はそれぞれ,

$$x(t) = C\sin(\omega_0 t + \phi),\quad \theta(t) = C'\sin(\omega_0 t + \phi')$$

$$v(t) = C\omega_0\cos(\omega_0 t + \phi),\quad \omega(t) = \frac{d\theta}{dt} = C'\omega_0\cos(\omega_0 t + \phi')$$

となる.周期はすべて $T = \dfrac{2\pi}{\omega_0}$ になる.

$\omega(\omega_0)$ [rad/s] は角振動数とよばれる.

周期 T は x,θ どちらも,

$$T = \frac{2\pi}{\omega_0} = 2\pi\sqrt{\frac{l}{g}}$$

となる.

このように周期は質量 m や振幅 C, C' には関係しない. このことを振り子の等時性という. l と T を測って g の値を知ることができる.

例題 5.15

例題 5.14 において, 時刻 $t=0$ のとき, 原点 O にあるおもり P に水平方向右向きに速さ v_0 を与え微小振動させる. その後のおもりの $\theta(t)$, $x(t)$, $v(t)$ を求めよ.

解

初期条件は $t=0$ で $x=0$, $v=v_0$, $\theta=0$ である.

$$x(0) = 0 = C \sin \phi$$

$$v(0) = v_0 = C\omega_0 \cos \phi$$

$$\therefore \phi = 0, \quad C = \frac{v_0}{\omega_0}$$

$$x(t) = \frac{v_0}{\omega_0} \sin \omega_0 t$$

$$\theta(0) = 0 = C' \sin \phi'$$

$$x = l\theta \;\rightarrow\; v = l\frac{d\theta}{dt} = l\omega$$

$$\therefore \omega(0) = \frac{v_0}{l} = C'\omega_0 \cos \phi'$$

$$\therefore \phi' = 0, \quad C' = \frac{v_0}{l\omega_0}$$

$$\theta(t) = \frac{v_0}{\omega_0 l} \sin \omega_0 t \quad \left(\omega_0 = \sqrt{\frac{g}{l}}\right) \qquad ①$$

どちらか x か θ がわかっているときは,

$$x = l\theta \;\rightarrow\; v = \frac{dx}{dt} = l\frac{d\theta}{dt}$$

の関係から v が求められる.

$$v = v_0 \cos \omega_0 t$$

となる.

> **例題 5.16**
> 例題 5.15 において，単振り子の糸の方向の運動方程式は，
> $$ml\left(\frac{d\theta}{dt}\right)^2 = S - mg\cos\theta$$
> と書き換えられることを示せ．

解

円運動の向心成分：$m\dfrac{v^2}{l} = S - mg\cos\theta$ ②

束縛条件　$x = l\theta \;\to\; v = \dfrac{dx}{dt} = l\dfrac{d\theta}{dt}$

より，

$$ml\left(\frac{d\theta}{dt}\right)^2 = S - mg\cos\theta$$

参考

上式より，$S(\theta) = mg\cos\theta + ml\left(\dfrac{d\theta}{dt}\right)^2$

となる．この式は θ が小さくなくても成り立つ．

θ が小さいときは $\cos\theta = 1 - \dfrac{1}{2}\theta^2 + \dfrac{1}{4!}\theta^4 - \cdots$ なので，$\cos\theta \fallingdotseq 1 - \dfrac{1}{2}\theta^2$ と近似して前例の①で求めた $\theta(t)$ を代入すると，

$$S(t) = mg + \frac{1}{2}\frac{m}{l}v_0^2(3\cos^2\omega_0 t - 1)$$

が求められる．とくに，$t = 0$ のときは，

$$S(0) = mg + m\frac{v_0^2}{l}$$

となる．この式は②で $\theta = 0$，$v = v_0$ としてもえられる．

例題5.17　たてばねによる単振動

図5.20(a)は，ばね定数kの質量が無視できるばねを鉛直に立て下端を床に固定したところを示す．このばねに質量mの薄い台Aを取り付け，この上に質量Mの小さな物体Bを静かに置くと，図(b)に示すように自然の長さl_0からx_0だけ縮んでつりあった．

この位置をつりあいの位置とする．

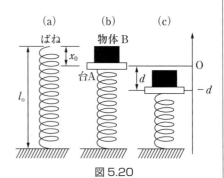

図5.20

図(c)に示すように，つりあいの位置から台Aを$d(>x_0)$だけ押し下げた後，静かに放した．はじめ台Aと物体Bは一体となって運動したのち，物体Bは台Aより離れて鉛直上方に飛び出した．つりあいの位置を原点Oとし，鉛直上方をx軸の正の向きにとる．

(1) ばねが縮んだ長さx_0を求めよ．

物体Bが台Aから離れるまで，変位xにある物体Bと台Aは共に加速度aで鉛直上方に運動する．このとき物体Bは台Aから垂直抗力Nを受け，その反作用として台Aは物体Bから$-N$の力を受けているものとする．

つりあいの位置からの変位がxのとき，

(2) 物体Bと台Aの運動方程式をそれぞれ求めよ．
(3) 加速度aと変位xとの関係を求め，この運動が単振動であることを示し，周期Tを求めよ．
(4) 垂直抗力Nを変位xの関数として表せ．
(5) 物体Bが台Aから離れるときの変位x_fを求めよ．
(6) 変位xと時刻tとの関係，速度vと時刻tとの関係を求めよ．
(7) 物体Bが台Aから離れるときの速度v_fを求めよ．ただし，$m=M$，$d=2x_0$とする．

解

(1)
$$(M+m)g = kx_0$$
$$x_0 = \frac{(M+m)g}{k} \quad ①$$

(2) 図5.21より，

5 いろいろな運動

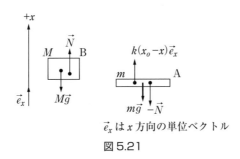

$\vec{e}_x$ は x 方向の単位ベクトル

図 5.21

A : $ma = k(x_0 - x) - mg - N$ ②
B : $Ma = N - Mg$ ③

となる.
(3) ②＋③と①より，

$$(M+m)a = -kx$$

$$a = -\frac{k}{M+m}x \qquad ④$$

$$\frac{d^2x}{dt^2} = -\omega^2 x \left(\omega^2 = \frac{k}{M+m}\right) \qquad ⑤$$

$$\therefore \quad T = \frac{2\pi}{\omega} = 2\pi\sqrt{\frac{M+m}{k}} \qquad ⑥$$

(4) ③，④より，

$$N = M(g+a) = M\left(g - \frac{k}{M+m}x\right) \qquad ⑦$$

(5) ⑦で $N=0$ とする.

$$x_f = \frac{M+m}{k}g(=x_0) \qquad ⑧$$

(6) ⑤を初期条件

$$t=0, \quad x=-d, \quad v=0$$

のもとで解くとよい.

$$x = A\sin(\omega t + \phi)$$
$$v = A\omega\cos(\omega t + \phi)$$

において,

$$-d = A \sin\phi \rightarrow A = -d$$

$$0 = A\omega \cos\phi \rightarrow \phi = \frac{\pi}{2}$$

$$x = -d \sin\left(\omega t + \frac{\pi}{2}\right) = -d \cos \omega t \qquad ⑨$$

$$v = -d\omega \cos\left(\omega t + \frac{\pi}{2}\right) = +d\omega \sin \omega t \qquad ⑩$$

(7)
$$x = -d \cos \omega t = x_f = x_0$$

$d = 2x_0$ であるから,

$$-2 \cos \omega t = 1$$

$$\cos \omega t = -\frac{1}{2}$$

$$\omega t = \frac{2}{3}\pi$$

⑩に $d = 2x_0 = \dfrac{4mg}{k}$, $\omega = \sqrt{\dfrac{k}{2m}}$, $\omega t = \dfrac{2}{3}\pi$ を代入する.

$$v_f = d\omega \sin \omega t = 2\sqrt{\frac{2m}{k}}\, g \sin \frac{2}{3}\pi = 2\sqrt{\frac{2m}{k}}\,\frac{\sqrt{3}}{2} g = \sqrt{\frac{6m}{k}}\, g$$

例題 5.18　回転する円筒上にのせた棒の単振動

図 5.22 のように，同じ半径の円筒 A, B が円筒の軸間距離 $2d$ だけ離れて互いに逆向きに角速度 ω で回転している．その上に質量 m の一様な棒を水平にのせると棒は動き出した．円筒と棒との間の動摩擦係数を μ，重力加速度の大きさを g として，次の問いに答えよ．

両円筒の中央の位置を原点 O とし，右向きを $+x$ 軸，鉛直上向きを $+y$ 軸にとるとき，

(1) 棒の重心 G が x の点を通過したとき，棒にはたらく垂直抗力の大きさ N_1, N_2 はいくらか．

(2) 棒の x 方向の運動方程式を求め，この運動が単振動であることを示せ．

(3) その周期を求めよ．

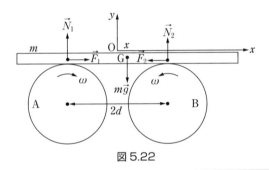

図 5.22

解

(1) y 方向の力のつりあいより，

$$\vec{N_1} + \vec{N_2} + m\vec{g} = \vec{0} \;\rightarrow\; N_1 + N_2 - mg = 0$$

重心のまわりの力のモーメントのつりあいより，

$$N_1(d+x) = N_2(d-x)$$

2 式より，

$$N_1 = \frac{d-x}{2d}mg, \quad N_2 = \frac{d+x}{2d}mg$$

(2) 動摩擦力の大きさ F_1, F_2 は，

$$F_1 = \mu N_1, \quad F_2 = \mu N_2$$

となるので，棒の x 方向の運動方程式は，

$$m\vec{a} = \vec{F}_1 + \vec{F}_2 \rightarrow ma = F_1 - F_2$$
$$= \mu(N_1 - N_2)$$
$$= \mu \frac{mg}{2d}(-2x)$$
$$= -\mu \frac{mg}{d}x$$
$$\therefore a = -\omega^2 x, \quad \omega = \sqrt{\frac{\mu g}{d}}$$

よって運動は単振動である．

(3)
$$T = \frac{2\pi}{\omega} = 2\pi\sqrt{\frac{d}{\mu g}}$$

例題 5.19　夢の重力列車

図 5.23 で，AB は地球の中心を通るトンネルを示している．いま，地球を半径 R の一様な密度の球として，トンネルに沿って質量 m の列車 P を走らせる場合を考える．地球の中心を原点 O とする x 軸を図のようにとる．

(1) 列車 P の位置が x のとき，P が地球から受けている力 $F(x)$ を求めよ．ただし，P にはたらく重力の大きさは，半径 $r = |x|$ の球内の全質量 $M(r)$ が O に集まったとして，それと P との間にはたらく万有引力に等しく，この球の外側の部分は，この点での重力には無関係であることが知られているものとする．

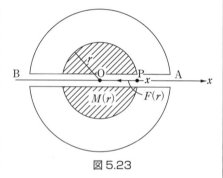

図 5.23

(2) P がトンネルの入り口 A を時刻 $t=0$ に初速 0 で出発したとき，時刻 t における P の位置 $x(t)$ と速度 $v(t)$ を求めよ．
(3) P が A を出発し，B に到達するまでの時間 t_{AB} を求めよ．
(4) P が O を通るときの速度 v_0 を求めよ．

解

(1) 地球の質量を M，密度を ρ とすると，

$$M(r) = \frac{4}{3}\pi r^3 \rho, \quad \rho = \frac{M}{\frac{4}{3}\pi R^3}$$

P にはたらく重力の大きさは，万有引力定数を G として，

$$F(r) = G\frac{mM(r)}{r^2} = G\frac{mM}{R^3}r$$

である．また，地表では，

$$mg = F(R) = G\frac{mM}{R^2}$$

が成り立つ．これを用いると，

$$F(r) = \frac{mg}{R}r$$

となる．よって，

$$x>0 \text{ のとき}, \quad F(x) = -F(r) = -\frac{mg}{R}x$$

$$x<0 \text{ のとき}, \quad F(x) = +F(r) = -\frac{mg}{R}x$$

となる．したがって，どちらの場合でも，

$$F(x) = -\frac{mg}{R}x$$

(2) 列車 P の運動方程式は，

$$m\frac{d^2x}{dt^2} = -\frac{mg}{R}x$$

この式は，

$$\frac{d^2x}{dt^2} = -\omega_0^2 x, \quad \omega_0 = \sqrt{\frac{g}{R}}$$

となり，単振動の方程式と一致する．

一般解は，

$$x(t) = C\sin(\omega_0 t + \phi)$$
$$v(t) = C\omega_0 \cos(\omega_0 t + \phi) \quad (C, \phi \text{ は任意定数})$$

初期条件は $x(0) = R$, $v(0) = 0$ である．これより，$\phi = \frac{\pi}{2}$, $C = R$ をえる．し

たがって，
$$x(t) = R\cos\omega_0 t = R\cos\left(\sqrt{\frac{g}{R}}t\right)$$
$$v(t) = -\sqrt{Rg}\sin\left(\sqrt{\frac{g}{R}}t\right)$$

(3) 単振動の周期は，
$$T = \frac{2\pi}{\omega_0} = 2\pi\sqrt{\frac{R}{g}}$$
であるから，
$$t_{AB} = \frac{T}{2} = \pi\sqrt{\frac{R}{g}}$$

(4)
$$v_0 = v\left(\frac{T}{4}\right) = -\sqrt{Rg}\sin\left(\omega_0\frac{\pi}{2\omega_0}\right) = -\sqrt{Rg}$$

具体的に，$g = 9.80 \text{ m/s}^2$，$R = 6.38\times 10^3$ km を代入すると，
$$t_{AB} = 2.53\times 10^3 \text{ s} = 42\text{ 分},\quad |v_0| = 7.90 \text{ km/s}$$

問

図 5.24 のように，トンネルの中心 O′ が地球中心 O からずれている場合，片道の所要時間 $t'_{A'B'}$ を求めよ．P が O′ を通るときの速度 $v'_{o'}$ を求めよ．
ただし ∠OA′O′ = θ_0 とする．

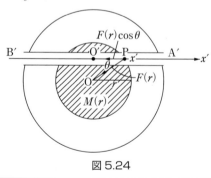

図 5.24

解

図 5.24 のように，トンネルの中心 O′ を原点としてトンネルに沿って x' 軸をとる．

座標 x' の位置で列車 P にはたらく力の x' 成分は,

$$F(x') = -\frac{mg}{R}r\cos\theta = -\frac{mg}{R}r\left(\frac{x'}{r}\right) = -\frac{mg}{R}x'$$

したがって P の運動方程式は,

$$m\frac{d^2x'}{dt^2} = -\frac{mg}{R}x' = -m\omega_0^2 x' \quad \left(\omega_0 = \sqrt{\frac{g}{R}}\right)$$

となる.
　これは, トンネルの中心が地球の中心にある場合と同一の運動方程式である. したがって, この場合も P は角振動数 ω_0 の単振動をする.
　周期は $T' = \dfrac{2\pi}{\omega_0} = T$ となるので,

$$t'_{A'B'} = \frac{T'}{2} = t_{AB} = \pi\sqrt{\frac{R}{g}} = 42\,分$$

初期条件 $t' = 0$ で $x' = R\cos\theta_0$, $v' = 0$ を考慮すると,

$$x' = R\cos\theta_0 \cos\omega_0 t, \quad v' = -R\omega_0 \cos\theta_0 \sin\omega_0 t$$

となる. $T' = \dfrac{2\pi}{\omega_0} \rightarrow \dfrac{T'}{4} = \dfrac{\pi}{2\omega_0}$(A′ → O′ までの時間)

なので, $v'_{O'} = -R\omega_0 \cos\theta_0 \sin\left(\omega_0 \dfrac{\pi}{2\omega_0}\right) = -R\omega_0 \cos\theta_0$

$$v'_{O'} = -\sqrt{Rg}\cos\theta_0 = v_o \cos\theta_0$$

5.4　等速円運動

　物体が半径 r の円周上を一定の速さ v で回る運動を等速円運動という. 図 5.25 のように, 物体が運動している平面上に円の中心を原点 O として x, y 座標軸をとる. 円周上の物体の位置 P を位置ベクトル $\vec{r} = (x, y)$(大きさは半径 r に等しい)で表す. 時刻 $t = 0$ で $\vec{r}$ が $+x$ 軸(x 軸の正の向き)を向いていたとすると, 時刻 t での $\vec{r}$ と $+x$ 軸とのなす角 θ は $\theta = \omega t$ で表される. θ は $+x$ 軸(x 軸の正の向き)から反時計回りに測るものとする. ω は単位時間あたりの回転角を表し, 等速円運動

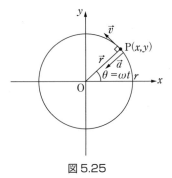

図 5.25

の場合は一定である．角 θ の単位は rad（ラジアン）を用いる．したがって，角速度 ω の単位は [rad/s] となる．物体が円周上を1回転するときの回転角は 2π rad なので，円周上で単位時間あたりの回転数を f とすると，

$$\omega = 2\pi f$$

という関係がある．物体が円周上を1回転する時間 T を等速円運動の周期という．周期は単位時間あたりの回転数 f の逆数で，

$$T = \frac{1}{f} = \frac{2\pi}{\omega}$$

である．円周の長さが $2\pi r$ の円周上を単位時間あたり f 回回転している物体の速さ v は，

$$v = 2\pi r f = r\omega$$

である．

さて，等速円運動をする物体の大きさと向きをもつ速度ベクトル $\vec{v}$ と加速度ベクトル $\vec{a}$ を求めてみよう．半径 r の等速円運動を行う物体の時刻 t での点Pの位置ベクトル $\vec{r}$ は，

$$\vec{r} = (x, y) = (r\cos\omega t, r\sin\omega t)$$

と表される．点Pで物体そのものと物体の位置を代表させる．等速円運動をしている物体の速度 $\vec{v}(t) = (v_x, v_y)$ と加速度 $\vec{a}(t) = (a_x, a_y)$ の成分は三角関数の公式を用いて，

$$v_x = \frac{dx}{dt} = -r\omega\sin\omega t, \quad v_y = \frac{dy}{dt} = r\omega\cos\omega t$$

$$a_x = \frac{dv_x}{dt} = -r\omega^2\cos\omega t = -\omega^2 x, \quad a_y = \frac{dv_y}{dt} = -r\omega^2\sin\omega t = -\omega^2 y$$

速度 $\vec{v}$ の大きさ，すなわち速さ v は，

$$v = \sqrt{v_x^2 + v_y^2} = r\omega$$

であり，加速度 $\vec{a}$ の大きさは，

$$a = \sqrt{a_x^2 + a_y^2} = r\omega^2 = v\omega = \frac{v^2}{r}$$

であることがわかる．

速度ベクトル $\vec{v}$ と位置ベクトル $\vec{r}$ のスカラー積 $\vec{v}\cdot\vec{r}$ を計算すると，

$$\vec{v} \cdot \vec{r} = -\omega r^2 \sin\omega t \cos\omega t + \omega r^2 \cos\omega t \sin\omega t = 0$$

となるので，$\vec{v}$ と $\vec{r}$ に垂直（つまり，円の接線は半径に垂直）であることがわかる（図5.25）．

加速度ベクトル $\vec{a}$ を次のように書き直してみる．

$$\vec{a} = (a_x, a_y) = (-\omega^2 x, -\omega^2 y) = -\omega^2 (x, y) = -\omega^2 \vec{r}$$

これから，加速度ベクトル $\vec{a}$ は位置ベクトル $\vec{r}$ に逆向きであることがわかる（図5.25）．

等速円運動の加速度は円の中心を向いているので，向心加速度という．

質量 m の物体には円の中心に向かう力，

$$m\vec{a} = -m\omega^2 \vec{r}$$

がはたらく．この力を向心力という．向心方向の等速円運動の運動方程式は，

$$m\frac{v^2}{r} = F_r \quad (\text{向心力の大きさ})$$

となる．

例題 5.20　円すい振り子

長さ l の糸の端に質量 m の小球をつけ，図5.26 のように小球を水平面内で等速円運動させる．糸が鉛直線となす角を θ として，次の各問いに答えよ．
(1) 糸の引く力の大きさ S はいくらか．
(2) 円運動の周期 T はいくらか．

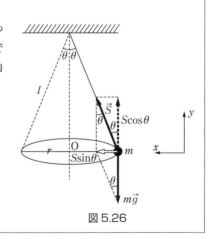

図 5.26

解
(1) 図からわかるように，糸の引く力 $\vec{S}$ と重力 $m\vec{g}$ との合力は，水平 (x) 方向を向いており，小球が等速円運動をするための向心力となっている．この2力の鉛直

(y)方向の成分はつりあっていることから，鉛直上向きを正の向きとして，

$$y : S\cos\theta - mg = 0 \qquad ①$$

$$\therefore S = \frac{mg}{\cos\theta} \qquad ①'$$

(2) 合力は $\vec{S}$ の水平(x)成分である $S\sin\theta$ に等しい．
よって，等速円運動の運動方程式は，

$$x : mr\omega^2 = S\sin\theta \qquad ②$$

①'，②より，$\omega^2 = \dfrac{g\tan\theta}{r}$ また，図より $r = l\sin\theta$ である．

$$\therefore \omega^2 = \frac{g\tan\theta}{l\sin\theta} = \frac{g\sin\theta}{l\sin\theta\cos\theta} = \frac{g}{l\cos\theta} \quad \text{よって，} \quad T = \frac{2\pi}{\omega} = 2\pi\sqrt{\frac{l\cos\theta}{g}}$$

例題 5.21

図 5.27(a)のように，天井からつるした長さ l の糸の先につけた質量 m の小球 P が，なめらかな床面に接しながら鉛直線とのなす角が θ，角速度 ω で等速円運動をしている．糸の張力の大きさを S，小球が床面から受ける垂直抗力の大きさを N として，次の問いに答えよ．
(1) 円運動の運動方程式を求めよ．
(2) 鉛直方向のつりあいの式を求めよ．
(3) ω がいくらをこえると小球は床面から離れるか．

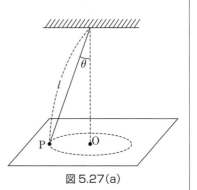

図 5.27(a)

解
(1) 図 5.27(b)より，

$$r = \mathrm{OP} = l\sin\theta$$
$$mr\omega^2 = S\sin\theta \quad （向心力）$$

なので，

$$m(l\sin\theta)\omega^2 = S\sin\theta \qquad ①$$

(2) $\quad N + S\cos\theta - mg = 0$

(3) ①,②より S を消去して,
$$N = mg - ml\omega^2 \cos\theta$$

$N=0$ ときの ω を ω_0 として,
$$\omega_0 = \sqrt{\frac{g}{l\cos\theta}}$$

周期は,
$$T_0 = \frac{2\pi}{\omega_0} = 2\pi\sqrt{\frac{l\cos\theta}{g}}$$

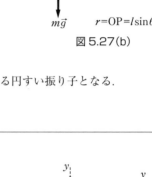

図 5.27(b)

$\omega \geqq \omega_0$ では小球は床面からはなれた状態で運動する円すい振り子となる. T_0 は円すい振り子の周期に等しくなっている.

例題 5.22

図 5.28(a)のように,長さ l のひもの一端を軸が鉛直で半頂角が θ のなめらかな円すい面の頂点に固定し,もう一端に質量 m の小球 P がとりつけてある.いま,円すい面上で小球を角速度 ω で等速円運動をさせた.円すい面から P が受ける垂直抗力を $\vec{N}$,糸の張力を $\vec{S}$ とする.

(1) 円運動の運動方程式を書け.
(2) 鉛直成分のつりあいの式を書け.
(3) $\vec{N}$ の大きさ N を求めよ.
(4) ω を大きくしていくと $\omega = \omega_0$ で $N=0$ となる. ω_0 を求めよ.このとき,ひもの張力の大きさ S_0 はいくらか.

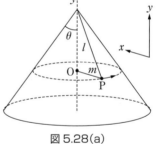

図 5.28(a)

解

図 5.28(b)を参照して,
(1) 向心成分(x 方向): $m(l\sin\theta)\omega^2 = S\sin\theta - N\cos\theta$ ①
(2) 鉛直成分(y 方向): $N\sin\theta + S\cos\theta = mg$ ②
(3) ①×$\cos\theta$+②×$\sin\theta$

$$ml\sin\theta(\cos\theta)\omega^2 = S\sin\theta\cos\theta - N\cos^2\theta$$
$$+\underline{)\ N\sin^2\theta + S\sin\theta\cos\theta = mg\sin\theta}$$
$$\rightarrow N(\sin^2\theta + \cos^2\theta) = m(g\sin\theta - l\sin\theta(\cos\theta)\omega^2)$$
$$\therefore\ N = m\sin\theta(g - l(\cos\theta)\omega^2)$$

(4) $N = 0$ として,

$$\omega_0 = \sqrt{\frac{g}{l\cos\theta}}$$

周期は,

$$T_0 = \frac{2\pi}{\omega_0} = 2\pi\sqrt{\frac{l\cos\theta}{g}}$$

となる.

②より,

$$S_0 = \frac{mg}{\cos\theta}$$

$\omega \geqq \omega_0$ のとき, おもりは空中で円運動する円すい振り子となる.

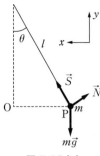

図 5.28(b)

6　力学的エネルギー

夜間にダム下の水をくみ上げダムに貯える．
昼間にこの水がダム下に流れ落ちて
発電機のタービンを回す仕事をする．
流れる水のもつエネルギーは，
ダムに貯えられているときすでに持っていた
潜在的（ポテンシャル）エネルギーとみなすことができる．
保存力（重力，ばねの弾性力，万有引力）が
はたらく場合の力学的エネルギー保存則や
非保存力（摩擦力）がはたらく場合の
エネルギー保存則について学ぶ．

6.1 力学的エネルギー保存の法則

図6.1(a)に示すように,基準水平面上の点Oからhだけ上方の点Pから,質量mの物体を放すと自由落下する.水平基準面の点Oに達したときの速さをv_0とする.

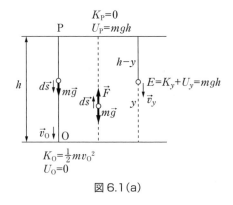

図6.1(a)

この間に重力$m\vec{g}$が物体に対してした仕事は,

$$W_{PO} = \int_P^O m\vec{g} \cdot d\vec{s} = \int_P^O mg\,ds\cos 0$$

$$= mg\int_0^h ds = mgh$$

仕事をされた物体は他の物体に仕事をする能力(エネルギー)をもつ.この場合,運動していることによるエネルギーなので運動エネルギーとよぶ.単位は仕事と同じJ(ジュール)である.

運動エネルギーは,

$$K_O = \frac{1}{2}mv_0^2$$

と表されるので,

$$W_{PO} = K_O \qquad \qquad ①$$

が成り立つ.

次に,物体を点Oに静止させて重力$m\vec{g}$につりあう(仮想的に)外力$\vec{F}$を加えて点Pまで重力に逆らって移動させる.このとき,$\vec{F}$のした仕事は,$\vec{F}+m\vec{g}=\vec{0}$なので,

$$W_{OP} = \int_O^P \vec{F} \cdot d\vec{s} = \int_O^P (-mg) \cdot d\vec{s} = \int_O^P (-mg)\,ds\cos\pi$$

$$= mg\int_0^h ds = mgh$$

となる.この仕事は点Pにエネルギーとして蓄えられ静止していても他の物体に対して仕事をする能力(エネルギー)をもつ.この場合,物体の位置Pによってきまるエネルギーなので,重力によるポテンシャルエネルギー(位置エネルギー)とよぶ.

$$W_{\mathrm{OP}} = U_{\mathrm{P}} \qquad ②$$

が成り立つ．

①，②より，

$$U_{\mathrm{P}} = K_{\mathrm{O}}$$

の関係がある．

点Pでの物体の運動エネルギーを $K_{\mathrm{P}}(=0)$，点Oでの物体の位置エネルギーを $U_{\mathrm{P}}(=0)$ とすると，

$$E = K_{\mathrm{P}}(=0) + U_{\mathrm{P}}(=mgh) = K_{\mathrm{O}}\left(=\frac{1}{2}mv_0^2\right) + U_{\mathrm{O}}(=0) = mgh \text{（一定）}$$

が成り立っている．ここで，E は運動エネルギー K と位置エネルギー U の和で，力学的エネルギーを表す．点Pと点Oの間での E はどうなっているだろうか．

物体が自由落下し高さ y の位置にあるときの物体の速さ，運動エネルギー，位置エネルギーをそれぞれ v_y，K_y，U_y とすると，

$$②より\ U_y = mgy, \quad ①より\ K_y = \frac{1}{2}mv_y^2 = mg(h-y)$$

が成り立つので，

$$E = K_y + U_y = mgh \text{（一定）}$$

が導かれる．

これから自由落下している物体の力学的エネルギー $E(=K+U)$ はつねに一定に保たれていることがわかる．

一般に，物体に保存力だけがはたらくとき，または保存力以外の力（垂直抗力や張力など）がはたらいても仕事をしないとき，力学的エネルギーは一定に保たれる．

これを力学的エネルギー保存の法則という．

参考

図 6.1(b) のように，点Oが基準水平面上の点O′にあるとき，仕事の経路をO′Pにとると，重力に逆らって $\vec{F}$ のする仕事は，O′P $=l$ とすると，

$$W_{\mathrm{O'P}} = \int_{\mathrm{O'}}^{\mathrm{P}} \vec{F} \cdot d\vec{s} = \int_{\mathrm{O'}}^{\mathrm{P}} F ds \cos\alpha$$

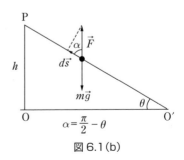

図 6.1(b)

$$= mg\cos\left(\frac{\pi}{2} - \theta\right)\int_O^P ds = mg(\sin\theta)l = mgh \ (= U_P)$$

になる.

∠PO′O $= \theta$ によらず，OP $= h$ のときの位置エネルギー U_P に等しいことがわかる.

例題 6.1

図 6.2 のように，なめらかな曲面上を質量 m の小球が，水平面からの高さ h_1 の位置 P_1 から速さ v_1 ですべり降り始め，高さ h_2 の位置 P_2 にきたときの速さ v_2 を求めよ.

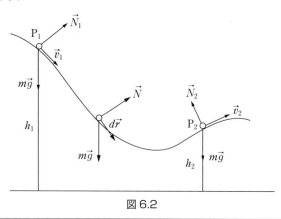

図 6.2

解

曲面上をすべり降りる小球が面から受けている垂直効力 $\vec{N}$ は，つねに物体の運動方向に垂直だから，

$$\vec{N} \perp d\vec{r} \ \rightarrow \ \vec{N} \cdot d\vec{r} = 0$$

となる. よって，

$$\int_{P_1}^{P_2} \vec{N} \cdot d\vec{r} = 0$$

が成り立ち，力学的エネルギー保存の法則がつかえる. 水平面を位置エネルギーの基準面とすると，

$$\frac{1}{2}mv_1^2 + mgh_1 = \frac{1}{2}mv_2^2 + mgh_2$$

$$\therefore \ v_2 = \sqrt{v_1^2 + 2g(h_1 - h_2)}$$

例題 6.2

図 6.3 のように,質量 m のおもりを長さ l の糸でつるした単振り子がある.糸が鉛直線と角 θ_0 をなす位置 P_1 からおもりを静かに放したとき,おもりが θ の位置 P_2 にきたときの速さ v_2 を求めよ.

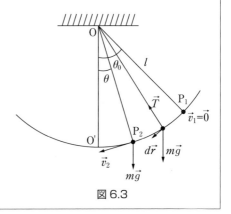

図 6.3

解

おもりにかかる糸の張力 $\vec{T}$ は非保存力であるが,おもりの運動方向とすべての瞬間に $\vec{T} \perp d\vec{r}$ だから $\vec{T} \cdot d\vec{r} = 0$ となる.したがって $\int_{P_1}^{P_2} \vec{T} \cdot d\vec{r} = 0$ となり,$\vec{T}$ は仕事をしない.よって P_1 と P_2 に力学的エネルギー保存の法則を適用できる.振り子の最下点 O′ を重力による位置エネルギーの基準点にすると,

$$0 + mgl(1 - \cos\theta_0) = \frac{1}{2}mv_2^2 + mgl(1 - \cos\theta)$$

$$\frac{1}{2}mv_2^2 = mgl(\cos\theta - \cos\theta_0)$$

$$\therefore \quad v_2 = \sqrt{2gl(\cos\theta - \cos\theta_0)}$$

例題 6.3

図 6.4 に示すように，半径 r のなめらかな半円柱が水平面上におかれている．質量 m の小球を最高点 A に静かにおいたところ，小球は円柱面をすべり始めた．この小球が P 点（$\angle \text{AOP} = \theta$）に達したときの速度を $\vec{v}$，円柱からの垂直抗力を $\vec{N}$ とする．

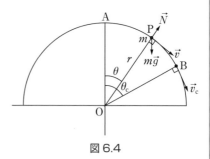

図 6.4

(1) P 点における小球の運動方程式を向心成分，接線成分に分けて求めよ．

(2) 点 A を位置エネルギーの基準点にとって，AP 間で成り立つ力学的エネルギー保存の法則を点 A と点 P に適用せよ．

(3) 点 P における小球の速さ v と円柱面から受ける垂直抗力の大きさ N を求めよ．

(4) 小球が円柱面を離れる点 B（$\angle \text{AOB} = \theta_c$）の $\cos \theta_c$ の値と離れる瞬間の速さ v_c を求めよ．

(5) 接線成分の運動方程式から，A 点と P 点を結ぶ力学的エネルギー保存の法則を導け．

解

(1) 向心成分：$m\dfrac{v^2}{r} = mg\cos\theta - N$ ①

　　接線成分：$m\dfrac{dv}{dt} = mg\sin\theta$ ②

(2) $\underbrace{0}_{\text{点 A}} = \underbrace{\dfrac{1}{2}mv^2 - mgr(1-\cos\theta)}_{\text{点 P}}$ ③

(3) ③より，
$$v = \sqrt{2(1-\cos\theta)gr}$$ ④

　④，①より，
$$N = (3\cos\theta - 2)mg$$ ⑤

(4) $N = 0$ として，

$$3\cos\theta - 2 = 0 \rightarrow \cos\theta_c = \frac{2}{3}$$

④より $v_c = \sqrt{2\left(1-\frac{2}{3}\right)gr} = \sqrt{\frac{2}{3}gr}$

(5) 等速円運動でないので,

$$v = r\omega \rightarrow v = r\frac{d\theta}{dt} \qquad ⑥$$

と変える. ②×⑥を左辺, 右辺について行う.

$$mv\frac{dv}{dt} = mgr\sin\theta\frac{d\theta}{dt}$$

$$\int mv\frac{dv}{dt}dt = \int mgr\sin\theta\frac{d\theta}{dt}dt$$

$$m\int_0^{v^2}\frac{1}{2}d(v^2) = mgr\int_0^\theta \sin\theta d\theta$$

$$\frac{1}{2}mv^2 - 0 = mgr[-\cos\theta]_0^\theta = mgr(1-\cos\theta)$$

$$\frac{1}{2}mv^2 = mgr(1-\cos\theta)$$

力学的エネルギー保存の法則は運動方程式の接線成分から導かれることがわかる.

例題 6.4

図 6.5 に示すように，AB はなめらかな水平面，BCD は中心が O，半径が r のなめらかな円筒面であり，点 B と点 D はいずれも点 O を通る鉛直線上にあり，点 C は水平面からの高さが r の点である．質量 m の小球が AB 上を速さ v_0 で点 B に進入した場合を考える．

(1) 小球が円筒面を上昇し，∠BOP＝ϕ である点 P を通過した．このとき，点 P における速さ v_P と小球が円筒面から受けている抗力の大きさ N_P を求めよ．

(2) 小球が円筒面に沿って上昇し，点 D を通過できるためには，AB 上での速さ v_0 はどんな条件を満たさなければならないか．

(3) ある速さで小球を進入させると，∠BOQ＝ϕ＝$90°+\theta$ である点 Q で円筒面を離れ，放物運動して，点 B に落下した．角 θ は何度か．小球が点 Q を離れてから点 B に落下するまでの時間 t_QB を求めよ．進入するときの速さ v_0 はいくらであったか．

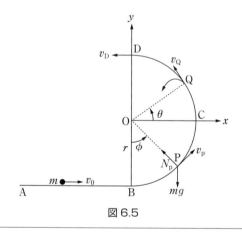

図 6.5

解

(1) B 点と P 点に力学的エネルギー保存の法則を適用する．

$$\frac{1}{2}mv_0^2 = \frac{1}{2}mv_\mathrm{P}^2 + mgr(1-\cos\phi) \qquad ①$$

$$\therefore \quad v_\mathrm{P} = \sqrt{v_0^2 - 2gr(1-\cos\phi)} \qquad ②$$

円運動の運動方程式より，

$$m\frac{v_P^2}{r} = N_P - mg\cos\phi \quad \text{(向心力)} \qquad ③$$

②,③より,

$$\therefore \quad N_P = m\frac{v_0^2}{r} + mg(3\cos\phi - 2) \qquad ④$$

(2) ④で,$\phi = 180°$ のとき $N_P \geqq 0$ として,

$$v_0^2 \geqq 5gr \qquad ⑤$$
$$\therefore \quad v_0 \geqq \sqrt{5gr} \qquad ⑥$$

(3) 点 Q で小球が円筒面を離れるときの速さは,②,④にて P → Q,ϕ → $90° + \theta$ とし,$N_Q = 0$ より,

$$v_Q = \sqrt{gr\sin\theta} \qquad ⑦$$

である.図のように x,y 座標軸をとり,小球が点 Q を離れる時の時刻を $t=0$ とすると時刻 t における小球 P の位置 (x,y) は,

$$x = r\cos\theta - v_Q\sin\theta \cdot t \qquad ⑧$$
$$y = r\sin\theta + v_Q\cos\theta \cdot t - \frac{1}{2}gt^2 \qquad ⑨$$

点 B の座標は $(x,y) = (0,-r)$ である.⑧,⑨より t を消去し,⑦を用いると θ についての方程式 $2\sin^3\theta + 3\sin^2\theta - 1 = 0$ をえる.

関数 $f(x)$ が,
$f(x) = 2x^3 + 3x^2 - 1$ のとき,
$f(-1) = 0$ になる.
因数定理より $f(x)$ は $x+1$ で割り切れる.

$$(x+1)(2x^2 + x - 1) = 0$$
$$(x+1)^2(2x-1) = 0$$
$$(\sin\theta + 1)^2(2\sin\theta - 1) = 0 \qquad ⑩$$

これより,

$$\sin\theta = \frac{1}{2} \qquad ⑪$$
$$\therefore \quad \theta = 30° \qquad ⑫$$

このとき，⑦より，$v_Q = \sqrt{\dfrac{1}{2}gr}$

⑧，⑨より $t=0$ として点 Q の座標は $\left(\dfrac{\sqrt{3}}{2}r, \dfrac{1}{2}r\right)$ となる．

④，⑫より，進入するときの速さ v_0 は，$\phi = 90 + \theta = 120°$ として，
$$v_0 = \sqrt{\dfrac{7}{2}gr} \tag{⑬}$$

⑦，⑧，⑫より，小球が落下している時間 t_{QB} は，
$$t_{QB} = \sqrt{\dfrac{6r}{g}} \tag{⑭}$$

6.2 非保存力と力学的エネルギー

4.2 で学んだように，非保存力がはたらくときは，力学的エネルギー保存の法則は，「力学的エネルギーの変化量＝非保存力のした仕事」と，すべてのタイプのエネルギーを含めたエネルギー保存の法則に拡張して適用することができる．

例題 6.5

図 6.6 のように，傾きの角 θ，動摩擦係数 μ' の斜面上に質量 m の物体をおいたところ，物体は静かにすべり出した．斜面上を A 点から距離 s だけ下の B 点まですべり降りたときの速さ v_B はいくらか．

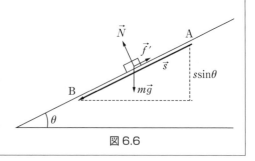

図 6.6

解

物体にはたらいている力は $\vec{N}$（垂直抗力），$m\vec{g}$（重力），$\vec{f'}$（動摩擦力）である．$\vec{N}$ は変位 $\vec{s}$ に垂直なので仕事をしない．

$m\vec{g}$ は保存力で，$\vec{f'}$ は非保存力であることに着目する．力学的エネルギーの変化量＝非保存力のした仕事の式，

$$\left(\dfrac{1}{2}mv_B^2 + U_B\right) - \left(\dfrac{1}{2}mv_A^2 + U_A\right) = \vec{f'} \cdot \vec{s} = f's \cos 180° = -f's$$

を用いる．B 点を重力による位置エネルギーの基準点とすると，

$U_A = mgs\sin\theta$, $U_B = 0$ となる．また，$v_A = 0$ である．

$$\vec{f} \text{ の大きさは } f' = \mu' N = \mu' mg\cos\theta$$

よって，$\left(0 + \dfrac{1}{2}m v_B{}^2\right) - (0 + mgs\sin\theta) = \mu'(mg\cos\theta)s\cos 180°$

$$= -\mu' mgs\cos\theta \; (<0)$$

$$\therefore\; v_B = \sqrt{2g(\sin\theta - \mu'\cos\theta)s}$$

例題 6.6

図 6.7 に示すように，あらい水平面上で，ばねの一端を固定し他端には質量 m の物体 P をとりつけた．ばねの自然の長さの位置から距離 s だけ引いて放すと，物体はちょうどばねの自然長の位置まで移動して止まった．距離 s を，動摩擦係数 μ'，重力加速度 g の大きさ，ばね定数 k および物体の質量 m を使って表せ．

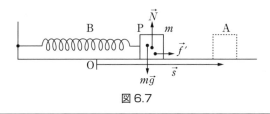

図 6.7

解

物体を放した位置 A と自然長の位置 B で，

$\left(\dfrac{1}{2}m v_B{}^2 + U_B\right) - \left(\dfrac{1}{2}m v_A{}^2 + U_A\right) = \vec{f} \cdot \vec{s}$（非保存力のした仕事）が成り立つ．ここで，$\vec{f}$ は動摩擦力を表す．

$$v_A = v_B = 0,\; U_A = \dfrac{1}{2}ks^2,\; U_B = 0,\; f' = \mu' N = \mu' mg\cos\theta$$

だから，

$$\dfrac{1}{2}(m \cdot 0^2 + 0) - \left(\dfrac{1}{2}m \cdot 0^2 + \dfrac{1}{2}ks^2\right) = \mu'(mg\cos\theta)s\cos 180°$$

$$= -\mu' mgs\cos\theta$$

$$\dfrac{1}{2}ks^2 = \mu' mgs$$

$$\therefore\ s = \frac{2\mu' mg}{k}$$

6.3 人工衛星

　万有引力は中心力である．中心力なら，角運動保存の法則が成り立ち，面積速度が一定(ケプラーの第2法則)となる．このため，万有引力を受けて運動する物体は楕円運動(円運動も含む)する．

　中心力は保存力のため，ポテンシャル・エネルギー(位置エネルギー)Uが定義される．運動エネルギーKとあわせて力学的エネルギーEの保存の法則が成り立つ．

$$E = K + U$$

地球を円軌道を描いて周回する人工衛星を考えよう．万有引力とポテンシャル・エネルギーは，

$$\vec{F} = G\frac{mM}{r^2}\vec{e_r},\quad U(r) = -G\frac{mM}{r}$$

である．Mは地球の質量，mは人工衛星の質量である．rは地球の中心Oからの距離を表す．

　等速円運動の運動方程式は，

$$m\frac{v^2}{r} = G\frac{mM}{r^2}$$

運動エネルギーは，

$$K = \frac{1}{2}mv^2 = G\frac{mM}{2r}$$

これより円軌道のとき，

$$K = -\frac{1}{2}U$$

円運動する衛星の力学的エネルギーは，

$$E = K + U = G\frac{mM}{2r} - G\frac{mM}{r} = -G\frac{mM}{2r}$$

これから，

$$E = -K$$

の関係がでてくる．

$K(r)$, $U(r)$, $E(r)$ のグラフを示すと図 6.8 のようになる. K と E は r 軸に関し対称であることに注意する. $P(r_0, E_0)$ は円軌道の半径 r_0 の力学的エネルギーが E_0 であることを示している.

$$K_0 = G\frac{mM}{2r_0}, \quad U_0 = -G\frac{mM}{r_0}$$

$$E_0 = K_0 + U_0 = -G\frac{mM}{2r_0}$$

また, 円軌道上の衛星の速さは,

$$v_0 = \sqrt{\frac{GM}{r_0}}$$

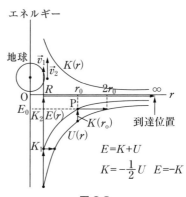

図 6.8

である.

力学的エネルギー E_0(一定)の衛星が, 軌道を離れ速さが 0 になる($K=0$)とき, $E_0 = 0 + U$ になる位置 r は, 力学的エネルギー保存の法則

$$E_0 = \frac{1}{2}mv_0^2 - G\frac{mM}{r_0} = 0 - G\frac{mM}{r}$$

より,

$$r = 2r_0$$

となる(図 6.8). これは, 衛星の運動範囲は $r_0 \leq r \leq 2r_0$, 到達距離は $2r_0$ であることを示している.

例題 6.7

地表すれすれに地球を回っている人工衛星の速さ v_1 と一周する周期 T_1 を求めよ.

ただし, 地球の半径 $R = 6.38 \times 10^3$ km, $g = 9.80$ m/s^2 とする.

解 図 6.8 では E 曲線上で $r = R$ での $E(R) = K(R) + U(R)$ を満足する $v_1(R)$ を求めることになる.

円運動の運動方程式は衛星の質量を m とすると,

$$m\frac{v_1^2}{R} = G\frac{mM}{R^2} \rightarrow v_1 = \sqrt{\frac{GM}{R}}$$

これから v_1 がきまるが, R, g だけが与えられているので, 地表で成り立つ,

$$G\frac{mM}{R^2} = mg$$

の関係が必要である.

上の2式より,

$$v_1 = \sqrt{gR} = 7.91 \text{ km/s}$$

となる.これを第一宇宙速度という.周期は,

$$T_1 = \frac{2\pi R}{v_1} = 2\pi\sqrt{\frac{R}{g}} = 5.07 \times 10^3 \text{ s}$$

例題 6.8

地表すれすれに速さ v_1 で物体を水平方向に発射すると,地球を一周する人工衛星になる.

速さ $v \geqq v_2$ で発射すると,宇宙の彼方に飛び去り地球に戻ってこない.v_2 を求めよ.

解

図 6.8 で,$r = R$ で $E \geqq 0$ になる v を求めるとよい.力学的エネルギー保存の法則より,

$$E = \frac{1}{2}mv^2 - G\frac{mM}{R} = \frac{1}{2}mv_\infty^2 - G\frac{mM}{\infty} \geqq \frac{1}{2}mv_\infty^2 \geqq 0$$

が成り立つ.これより,

$$v \geqq \sqrt{\frac{2GM}{R}} = \sqrt{2gR} = 11.2 \text{ km/s}$$

$$\therefore \quad v_2 = 11.2 \text{ km/s}$$

v_2 を第 2 宇宙速度という.

v_1 とは $v_2 = \sqrt{2}\, v_1$ の関係がある.

問

第 1 宇宙速度 v_1 で地表すれすれの円軌道を周回している人工衛星から小さなロケットを発射して地球の引力圏を脱出させるためには,人工衛星に対していくら以上の速さが必要か.

解
　人工衛星に対する相対速度が,
$$v_{21} = v_2 - v_1$$
以上, つまり $(\sqrt{2}-1)v_1 = (\sqrt{2}-1) \times 7.91 = 3.28$ km/s 以上あればよい. 地球から見ると v_2 以上になっている.
$$\therefore \quad v_{21} = 3.28 \text{ km/s}$$

問　地球から速さ v_0 で鉛直に投げた物体が到達する地上からの高さ h を求めよ.

解　最高点の地球中心からの距離を $r = R + h$ とすると, そこで $v = 0$ であるから,
$$E = \frac{1}{2}mv_0^2 - G\frac{mM}{R} = 0 - G\frac{mM}{r}$$
が成り立つ. これより,
$$h = \frac{Rv_0^2}{2gR - v_0^2}$$
　$h \to \infty$ にするには分母 $\to 0$ にすればよい.
$$v = \sqrt{2gR}$$

これは v_2 に等しい.

例題 6.8 とあわせて考えると, エネルギーには向きがないので, 水平, 鉛直方向に限らず, どの方向に対しても物体を速さ $\sqrt{2gR}$ で投げれば地球を離れ宇宙空間に飛び去ることがわかる.

7 運動量と力積

同じ速度で運動している物体でも
それを受けとめたときの衝撃は，
質量の大きなものほど大きい．
そこで，運動の勢いを表す量として，運動量を考える．
運動量を変化させるには，物体に力を加える必要がある．
大きな力でも，短い時間加えるだけでは
その効果が小さく，
小さな力でも長時間はたらけば効果は大きい．
効果の大きさを表す物理量として力積を導入する．

7.1 運動量と力積

4.3 で学んだ「運動量の変化＝力積」の関係を次の例題で理解する．

例題 7.1　力積

図 7.1(a) のように，20 m/s の速さで飛んできた質量 0.15 kg のボールをバットで打ちかえしたところ，ボールは水平から 60° 上向きに同じ速さ 20 m/s でバットを離れて飛んでいった．ボールがバットから受けた力積の大きさと向きを求めよ．

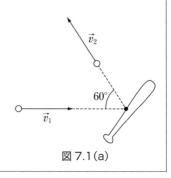

図 7.1(a)

解

ボールの始めの速度を $\vec{v}_1$，後の速度を $\vec{v}_2$ とする．ただし $|\vec{v}_1| = |\vec{v}_2| = v = 20$ m/s．4.6 で学んだ「運動量の変化はその間に物体が受けた力積に等しい」ことを用いる．

$$\vec{p}_2 - \vec{p}_1 = \int_{t_1}^{t_2} \vec{F}(t)\,dt = \vec{I} \quad (t_2 - t_1\text{ は力がはたらいたボールとバットとの接触時間})$$

より，力積 $\vec{I}$ は，

$$I = |\vec{p}_2 - \vec{p}_1| = m|\vec{v}_2 - \vec{v}_1|$$

で求められる（図 7.1(b)）．速度変化 $\Delta \vec{v} = \vec{v}_2 - \vec{v}_1$ の大きさは，余弦定理を用いて，$v_1 = v_2 = 20$ を代入，

$$|\Delta v| = \sqrt{v_1^2 + v_2^2 - 2v_1 v_2 \cos 120°} = 20\sqrt{3}$$

$$\therefore\ I = 0.15 \times 20\sqrt{3} = 3\sqrt{3}\ \text{N·s}$$

ここで $\cos 120° = \cos(90° + 30°) = -\sin 30° = -\dfrac{1}{2}$ を用いた．

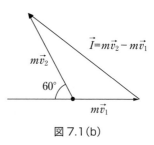

図 7.1(b)

例題 7.2

正三角形 ABC の辺に沿って,その周囲を質量 m の質点が一定の速さ v で回っている.
(1) 質点の運動量が変化するのは,質点がどの部分を通過するときであるか.
(2) 質点の運動量が変化するとき,力積の向きはどの向きであるか.
(3) その力積の大きさを求めよ.

解

図 7.2 において,
(1) 運動量 $p = mv$ の向きが変わるのは頂点 A,B,C を通過するときである.
(2) 各頂点の二等分線の方向(内側の向き).
(3) 力積 $\vec{I}$ は $\vec{I} = \Delta\vec{p} = \vec{p_2} - \vec{p_1}$ で求められる.$p_2 = p_1 = p$ であるから $\vec{I}$ の大きさは,それぞれ,

$$I = p \cos 30° \times 2 = \sqrt{3} mv$$

となる.

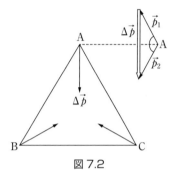

図 7.2

例題 7.3

なめらかな水平面上に,ばね定数 k の軽いばねの一端を固定してある.いま,質量 m の物体が速さ v_0 で飛んできてこのばねに衝突し,一体になって運動した後,はじめと同じ速さ v_0 で逆向きにはね返された.この間に物体がばねから受ける力積を,物体がばねから受ける力を時間積分することにより求めよ.また,物体がばねから受ける平均の力はいくらか.

解

ばねの自然長の位置 O を原点とし,左向きに x 軸をとる(図 7.3).物体が位置 x にあるとき,物体にはたらく力 F は,

$$F = -kx$$

となるので,物体は次の運動方程式に従う.

$$m \frac{d^2 x}{dt^2} = -kx$$

この方程式の解は,

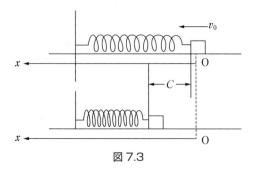

図 7.3

$$x(t) = C\sin(\omega_0 t + \phi) \quad \left(\omega_0 = \sqrt{\frac{k}{m}}\right)$$

で与えられ，$t=0$ のとき，$x(0)=0$，$v(0)=v_0$ なので，

$$\phi = 0, \quad C = \frac{v_0}{\omega_0}$$

となる．よって，

$$x(t) = \frac{v_0}{\omega_0}\sin\omega_0 t$$

また，この周期 T は，

$$T = \frac{2\pi}{\omega_0}$$

となる．

力を受けている時間は $\frac{T}{2} = \frac{\pi}{\omega_0}$．よって，物体がばねから受ける力積 I は，

$$I = \int_0^{T/2} F dt = \int_0^{T/2} (-kx)\, dt = -k\frac{v_0}{\omega_0}\int_0^{\pi/\omega_0} \sin\omega_0 t\, dt = -2k\frac{v_0}{\omega_0^2} = -2mv_0$$

となる．よって，物体がばねから受ける力積の向きは運転していた向きと逆向きで，大きさは $2mv_0$ である．これは，物体の衝突前後での運動量の変化 Δp，

$$\Delta p = -mv_0 - mv_0 = -2mv_0$$

と一致している．物体がばねから受ける平均の力 $\overline{F}$ は，

$$-2k\frac{v_0}{\omega_0^2} = \overline{F}\frac{T}{2}$$

より，

となる．$F(t)-t$ グラフと $\bar{F}$ との関係を図 7.4 に示す．

$$\bar{F} = -\frac{2}{\pi}\left(k\frac{v_0}{\omega_0}\right) = -\frac{2v_0}{\pi}\sqrt{km}$$

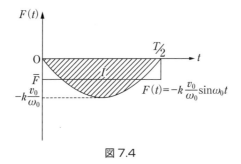

図 7.4

7.2 運動量保存の法則

4.3 で学んだ運動量保存の法則は物体の衝突の場合に適用することができる．

例題 7.4
2 物体の衝突における運動量保存の法則を示せ．

解

図 7.5 に示すように，質量 m_1，m_2 の 2 物体 A，B が速度 $\vec{v_1}$，$\vec{v_2}$ で衝突し，短い時間 $\Delta t = t_2 - t_1$ の間に力 $\vec{F}(t)$ をおよぼしあい，速度 $v_1{}'$，$v_2{}'$ で離れたとする．B が A から受ける力 $+\vec{F}(t)$ と，A が B から受ける力は，作用反作用の法則から $-\vec{F}(t)$ である．運動量変化と力積の関係より，

$$\text{A} : m_1\vec{v_1}' - m_1\vec{v_1} = -\int_{t_1}^{t_2}\vec{F}(t)\,dt \qquad ①$$

$$\text{B} : m_2\vec{v_2}' - m_2\vec{v_2} = +\int_{t_1}^{t_2}\vec{F}(t)\,dt \qquad ②$$

①，②を辺々加えて整理すると，

$$m_1\vec{v_1} + m_2\vec{v_2} = m_1\vec{v_1}' + m_2\vec{v_2}'$$

A と B の系全体にはたらく力が 0(はたらいていても合力が 0)ならば，衝突前後における 2 物体系全体の運動量の総和は一定に保たれ，運動量保存の法則が成り立つ

ていることを示している(図 7.5).

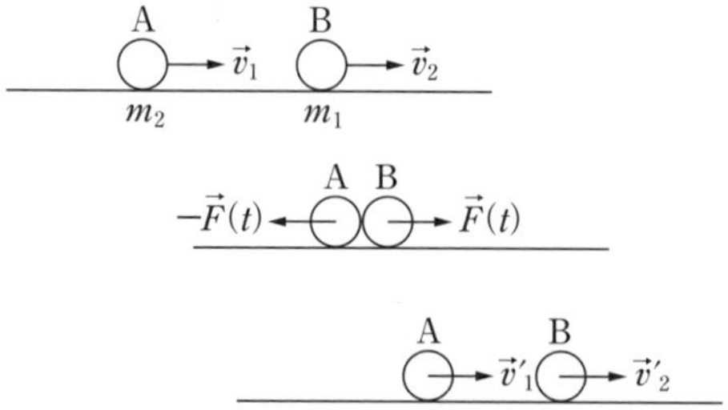

図 7.5

■ 反発係数（はねかえり係数）

物体 A, B が 1 次元(一直線上)で衝突する場合, A, B の衝突前後の速度をそれぞれ $\vec{v}_1, \vec{v}_2$ および $\vec{v}_1', \vec{v}_2'$ とする. 衝突前後の A に対する B の相対速度は右向き($+x$方向)を正すると, $\vec{v}_{21} = \vec{v}_2 - \vec{v}_1 = (v_2 - v_1, 0)$, $\vec{v}_{21}' = \vec{v}_2' - \vec{v}_1' = (v_2' - v_1', 0)$ となる. 相対速度の大きさの比,

$$e = \frac{|\vec{v}_{21}'|}{|\vec{v}_{21}|} = \frac{|\vec{v}_2' - \vec{v}_1'|}{|\vec{v}_2 - \vec{v}_1|}$$

を反発係数という. A, B が互いに近づく速さ $= v_1 - v_2 (>0)$ と A, B が互いに遠ざかる速さ $= v_2' - v_1' (>0)$ をベースにとると, $e = \dfrac{v_2' - v_1'}{v_1 - v_2} = -\dfrac{v_1' - v_2'}{v_1 - v_2}$ と表される. e は物体の質量や速さには無関係で, 物体の材質だけできまる一定値をとる.

■ 反発係数の範囲

e は $0 \leq e \leq 1$ の値をとる. $e = 1$ の衝突を(完全)弾性衝突, $0 \leq e < 1$ の衝突を非弾性衝突, $e = 0$ の衝突を, 完全非弾性衝突(衝突後 2 物体はくっついてしまう)という.

$e = 1$ の場合, 衝突の前後で 2 物体系の力学的エネルギーは保存されるが, $0 \leq e < 1$ の場合は保存されず, 熱や光・音などのエネルギーに変換され失われる.

例題 7.5

なめらかな水平面上を速さ 4.0 m/s で右向きに進む物体 A が, 左向きに速さ 2.0 m/s で進む物体 B と正面衝突した. 衝突後 A の速さは左向きに 1.4 m/s, B の速さは右向きに 1.6 m/s であった.

はね返り係数を求めよ.

解 図 7.6 に示すように，右向きを正とすると A，B の衝突前と衝突後の速度はそれぞれ，右向きを正として，

$v_1 = 4.0 \text{ m/s}, \quad v_2 = -2.0 \text{ m/s}$
$v_1' = -1.4 \text{ m/s}, \quad v_2' = 1.6 \text{ m/s}$

となる．

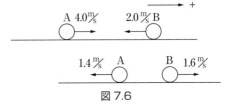

図 7.6

$$e = -\frac{v_1' - v_2'}{v_1 - v_2} = -\frac{-1.4 - 1.6}{4.0 - (-2.0)} = \frac{3.0}{6.0} = 0.5$$

$\therefore \ e = 0.50$

例題 7.6　床との 1 次元(鉛直線上)衝突

(1) 質量 m の小球 A が速度 $\vec{v}_1$ で床 B に衝突するとき，小球と床との間の反発係数を e とすれば，はね返る小球の速度 $\vec{v}_1'$ はいくらか(図 7.7)．

(2) 質量 m の小球 A を床 B からの高さが h の点から静かに放し，落下させたところ，小球は床 B に衝突して鉛直にはね上がった(図 7.8)．

小球がはね上がった高さ h' はいくらか．また，衝突によって失われた力学的エネルギー ΔE はいくらか．

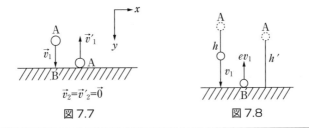

図 7.7　　　　図 7.8

解

(1) 反発係数の式において，小球と床の衝突で，衝突前後の床の速度は $\vec{v}_2 = \vec{v}_2' = \vec{0}$ なので，x, y 軸を図のようにとると，

$$\vec{v}_1 = (0, v_1), \quad \vec{v}_1' = (0, v_1'), \quad \vec{v}_2' = (0, 0)$$

$$e = -\frac{v_1' - v_2'}{v_1 - v_2} = -\frac{v_1'}{v_1}$$

よって，$v_1' = -ev_1 (<0)$

鉛直上方に速さ ev_1 ではね返る.

(2) 床に衝突する直前の小球の速さを v_1 とする．床面Bを位置エネルギーの基準水平面とすると，力学的エネルギー保存の法則より，

$$\frac{1}{2}m \cdot 0^2 + mgh = \frac{1}{2}mv_1^2 + mg \cdot 0$$

$$\therefore \quad v_1 = \sqrt{2gh}$$

衝突直後の小球の速さを v_1' とすれば，

$$v_1' = ev_1$$

となる．よって，

$$v_1' = e\sqrt{2gh}$$

小球Aは速さ v_1' ではね返り，高さ h' に達する．再び力学的エネルギー保存の法則を適用して，

$$\frac{1}{2}mv_1'^2 + 0 = 0 + mgh'$$

$$h' = \frac{v_1'^2}{2g} = \frac{e^2 2gh}{2g} = e^2 h$$

$\Delta E = mgh - mgh'$ とするか，

$\Delta E = \frac{1}{2}mv_1^2 - \frac{1}{2}mv_1'^2$ で求まる．

$$\therefore \quad \Delta E = mgh(1 - e^2)$$

■床との2次元(斜め)衝突

小球Aがなめらかな床Bに斜めに衝突する場合を考える．衝突前の小球の速度を $\vec{v} = (v_x, v_y)$，衝突後の速度を $\vec{v'} = (v_x', v_y')$ とする．Bの面がなめらかなので面と平行な x 方向には力がはたらかないから，Aの x 方向の速度成分は変更しない．したがって，

$$v_x' = v_x$$

が成り立つ．面と垂直な y 方向では，

$$e = -\frac{v_y'}{v_y}$$

が成り立つ．$e=1$ の場合，$v_y' = -v_y$ となり，衝突前後の速さは等しくなり $\theta = \theta'$ となる（図 7.9）．

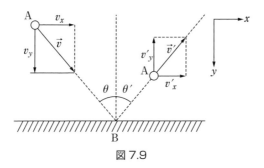

図 7.9

例題 7.7　斜め衝突

なめらかな水平面上の一点 O に，質量 m の小球が水平となす角 θ の方向から速さ v で衝突した．

反発係数を e として，次の問いに答えよ．
(1) 小球の衝突後の速さ v' を求めよ．
(2) 衝突により小球が受けた力積を求めよ．

解

図 (7.10) のように x 軸，y 軸をとる．

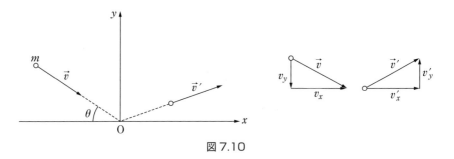

図 7.10

衝突前の小球の速度は，

$$\vec{v} = (v_x, v_y) = (v\cos\theta, -v\sin\theta)$$

衝突後の小球の速度の x 成分は水平面がなめらかなので変化しないので $v_x' = v\cos\theta$．

141

y 成分は,
$$e = -\frac{v_y' - 0}{v_y - 0} \quad (\text{水平面の衝突前後の } y \text{ 成分は } 0)$$
より, $v_y' = -ev_y = ev\sin\theta$
よって,
$$\vec{v'} = (v_x', v_y') = (v\cos\theta, ev\sin\theta)$$

これより, 衝突後の小球の速さは,
$$v' = \sqrt{v_x'^2 + v_y'^2} = \sqrt{\cos^2\theta + e^2\sin^2\theta}\, v$$

$e=1$ (弾性衝突) のときは $v'=v$ となる.

(2) 運動量の変化が力積である.
$$\vec{I} = \vec{F}\cdot\Delta t = m\vec{v'} - m\vec{v} = m(v\cos\theta - v\cos\theta, ev\sin\theta + v\sin\theta)$$
$$= mv\sin\theta(0, e+1)$$

$\vec{I}$ の向きは $+y$ 方向で, 大きさは,
$$I = (e+1)mv\sin\theta$$

となる.

例題 7.8

なめらかな水平面上に質量 M の物体 B を静止 ($v_2=0$) させておき, 左から質量 m の物体 A を速さ v_1 で進ませて B と衝突させる. 右向きを速度の正の向きとして, 次の問いに答えよ. A, B 間の反発係数が e のとき,

(1) 衝突後の A, B の速さ v_1', v_2' をそれぞれ求めよ.
(2) A が衝突後, はじめ進んできた向きと反対向きに進む条件は何か.
(3) 衝突後, 2 物体系から失われた力学的エネルギー (ここでは運動エネルギー) ΔE はいくらか.

解
(1) 運動量保存の法則より,
$$m\vec{v_1} + M\cdot\vec{0} = m\vec{v_1'} + M\vec{v_2'} \qquad ①$$
$$1 \text{ 次元なので } x \text{ 成分のみ } \rightarrow mv_1 = mv_1' + Mv_2'$$

この式の v_1' と v_2' は正負の符号がつく.

反発係数の式より,

$$e = -\frac{v_1' - v_2'}{v_1 - 0} \quad ②$$

①, ②より,

$$v_1' = \frac{m - eM}{m + M}v_1, \quad v_2' = \frac{(1+e)m}{m+M}v_1 \quad ③$$

(2) $v_1' < 0$ より,

$$m < eM$$

$e = 1$(完全弾性衝突)のとき,

$m < M$ なら反対向きに進む.

(3)
$$\Delta E = \frac{1}{2}mv_1^2 - \left(\frac{1}{2}mv_1'^2 + \frac{1}{2}Mv_2'^2\right)$$

に③を代入すると,

$$\Delta E = \frac{(1-e^2)mM}{2(m+M)}v_1^2$$

$e = 1$(完全弾性衝突)のときのみ $\Delta E = 0$, つまり運動エネルギーは保存される.

$e = 0$(完全非弾性衝突)のときは,

$$v_1' = v_2' = \frac{m}{m+M}v_1$$

となり, A, B は一体となり運動し, 運動エネルギーははじめにくらべ,

$$\Delta E = \frac{mM}{2(m+M)}v_1^2$$

だけ減少する.

作用・反作用の法則は, 力がどんな力(保存力, 非保存力)でも成り立つので, 運動量保存の法則は非保存力(摩擦力など)がはたらく場合にも成り立つ. 一方, 力学的エネルギー保存の法則は保存力の場合のみ成り立つ. 運動量保存の法則が成り立っているが, 力学的エネルギー保存の法則は成り立っていない例をあげる.

例題 7.9

図 7.11 のように，静止している質量 M の物体に，質量 m の小球が速さ v で飛んできてめりこんだ．物体が動き出す速さ v' を求めよ．物体の力学的エネルギーはどのように変化するか．

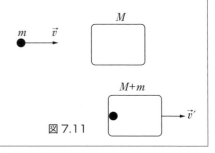

図 7.11

解

運動量保存の法則により，右向きを正とすると，

$$mv = (M+m)v'$$

$$\therefore \quad v' = \frac{m}{M+m}v$$

めりこむ前と後における運動エネルギーの差は，

$$\Delta E = \frac{1}{2}(M+m)v'^2 - \frac{1}{2}mv^2 = -\frac{1}{2}\frac{mM}{M+m}v^2 < 0$$

よって，力学的エネルギーはこれだけ減少する．

はねかえり係数は，

$$e = -\frac{v'-v'}{v-0} = 0$$

なので，完全非弾性衝突である．

例題 7.10

図 7.12 のように，ばね定数 k のばねが一端に質量 M のおもりをつけ，他端は固定されて，摩擦のない水平な床の上に置かれて静止している．ばね

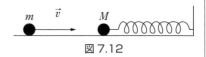

図 7.12

の置かれている直線上を質量 m の小球が速さ v で運動してきて，おもりに正面衝突し，はね返った．衝突後の小球の速さ v'，おもりの速さ V，小球の失った力学的エネルギー，ばねの最大の縮み x_M を求めよ．小球とおもりの衝突は完全弾性衝突であるとする．

解

衝突の間, 2物体(小球とおもり)の間にはたらく力は作用反作用の関係にある内力である. したがって, 全体の運動量は保存される.

$$m\vec{v} + \vec{0} = m\vec{v'} + M\vec{V'}$$

1次元なので右向きを正として成分表示すると,

$$mv = mv' + MV' \quad ①$$

反発係数は,

$$e = -\frac{v' - V'}{v - 0} = 1 \quad (完全弾性衝突)$$

これを解いて,

$$v' = -\frac{M-m}{M+m}v, \quad V' = \frac{2m}{M+m}v$$

小球の失ったエネルギーは,

$$\Delta E = \frac{1}{2}mv^2 - \frac{1}{2}mv'^2 = \frac{2Mm^2}{(M+m)^2}v^2$$

このエネルギーはおもりのえたエネルギー $\frac{1}{2}MV'^2$ にも等しい. このエネルギーがばねの弾性力による位置エネルギーに等しくなる.

$$\frac{2Mm^2}{(M+m)^2}v^2 = \frac{1}{2}kx_M^2$$

$$\therefore \quad x_M = \frac{2mv}{M+m}\sqrt{\frac{M}{k}}$$

■ 2次元(平面内)衝突—散乱—

例題7.11

図7.13のように,なめらかな水平面上を速さ v_1 で運動している質量 m の小球Aが,前方に静止している $(v_2=0)$ 質量 M の小球Bに弾性衝突した.衝突後,Aは速さが v_1' で角 θ の向きに,Bは速さ v_2' で角 ϕ の向きに運動した.ただし,角 θ, ϕ はAがはじめに運動していた方向から測った角とする.

(1) v_1', v_2' を求めよ.

(2) $\dfrac{m}{M}$ を θ, ϕ で表せ.

(3) $M=m$ のとき, $\theta+\phi=\dfrac{\pi}{2}$ になることを示せ.

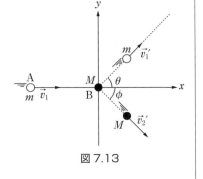

図7.13

解

(1) 衝突前後のA,Bの速度をそれぞれ $\vec{v_1}$, $\vec{v_2}$, $\vec{v_1'}$, $\vec{v_2'}$ とすれば,運動量保存の法則より,

$$m\vec{v_1}+M\vec{v_2}=m\vec{v_1'}+M\vec{v_2'} \qquad ①$$

が成り立つ.成分で書くと,

$$x\text{成分}: mv_1+0=mv_1'\cos\theta+Mv_2'\cos\phi \qquad ②$$

$$y\text{成分}: 0+0=mv_1'\sin\theta-Mv_2'\sin\phi \qquad ③$$

弾性衝突であるから,運動エネルギーが保存される.

$$\frac{1}{2}mv_1^2=\frac{1}{2}mv_1'^2+\frac{1}{2}Mv_2'^2 \qquad ④$$

②,③を v_1', v_2' について解くと,

$$v_1'=\frac{\sin\phi}{\sin(\theta+\phi)}v_1 \qquad ⑤$$

$$v_2'=\frac{m}{M}\frac{\sin\theta}{\sin(\theta+\phi)}v_1 \qquad ⑥$$

(2) ⑤,⑥を④に代入し,変形すると,

$$\frac{m}{M}\frac{\sin^2\theta}{\sin^2(\theta+\phi)}=\frac{\sin^2(\theta+\phi)-\sin^2\phi}{\sin^2(\theta+\phi)} \qquad ⑦$$

$$\therefore\quad \frac{m}{M}=\frac{\sin(\theta+2\phi)}{\sin\theta} \qquad ⑧$$

(3) $M=m$ のとき，⑧より，

$$\sin(\theta+2\phi)-\sin\theta=0 \ \rightarrow\ 2\cos(\theta+\phi)\sin\phi=0 \qquad ⑨$$

$\phi\neq 0$ として，

$$\cos(\theta+\phi)=0 \qquad ⑩$$

$$\therefore\quad \theta+\phi=\frac{\pi}{2} \qquad ⑪$$

ここで，式変形で数学公式(三角関数)

加法定理　$\sin(x+y)=\sin x\cos y+\cos x\sin y$

上式で $x\rightarrow\dfrac{x}{2}$, $y\rightarrow\dfrac{x}{2}$ とすると，$\sin x=2\sin\dfrac{x}{2}\cos\dfrac{x}{2}$

和 $\rightarrow$ 積　$\sin x+\sin y=2\sin\dfrac{x+y}{2}\cos\dfrac{x-y}{2}$

差 $\rightarrow$ 積　$\sin x-\sin y=2\cos\dfrac{x+y}{2}\sin\dfrac{x-y}{2}$

を用いた．

問　例題 7.11 において，

$$\tan\theta=\frac{\sin 2\phi}{m/M-\cos 2\phi}\ \text{となることを示せ．}$$

解

⑧の右辺の分子を $\sin\theta\cos 2\phi+\cos\theta\sin 2\phi$ と展開し，分母と分子を $\sin\theta$ で割り，$\tan\theta$ について解いてえられる．

問　例題 7.11 の結果を用いて，

小球 A と小球 B からなる 2 物体系の重心の衝突前の速度 $\vec{v}_{\mathrm{C}}$ と衝突後の速度 $\vec{v}_{\mathrm{C}}'$ を求めよ．

解

10.2 で学ぶ，衝突前後の重心速度の定義式，

$$\vec{v}_C = \frac{m\vec{v}_1 + M\vec{v}_2}{m + M}$$

$$\vec{v}_C' = \frac{m\vec{v}_1' + M\vec{v}_2'}{m + M}$$

を成分表示し，v_1' と v_2' に例題 7.11 の結果(⑤，⑥)を代入すると，

$$\vec{v}_C = \frac{1}{m+M}(mv_1, 0) = \left(\frac{m}{m+M}v_1, 0\right)$$

$$\vec{v}_C' = \frac{1}{m+M}(mv_1'\cos\theta + Mv_2'\cos\phi, mv_1'\sin\theta - Mv_2'\sin\phi)$$

$$= \left(\frac{m}{m+M}v_1, 0\right)$$

がえられる．これは，$\vec{v}_C = \vec{v}_C'$ であることを示している．この結果から，2 物体衝突のように，外力がはたらかず運動量保存の法則が成り立つときには，系の重心の速度は一定(定ベクトル)に保たれ，重心は等速度運動することがわかる．

8 角運動量と回転運動

軽い棒の一端におもりをつけて,
他端に軸を通し回転運動させる.
回転するおもりの質量,
速さは同じでも棒が長いほど運動は止めにくい.
回転運動の勢いを表すベクトル量として
角運動量を導入する.
角運動量を変化させるものは,
回転させるはたらきをする力のモーメントである.
角運動量の保存則から
ケプラーの第2法則(面積速度一定の法則)が
導けることを理解する.

8.1 角運動量保存の法則

4.4 で回転運動の運動方程式は，回転運動の「勢い」を表す角運動量 $\vec{L}$ と，それを変化させようとする力のモーメント $\vec{N}$ を用いて，

$$\frac{d\vec{L}}{dt} = \vec{N} \quad (\vec{L} = \vec{r} \times \vec{p},\ \vec{N} = \vec{r} \times \vec{F})$$

と表されることを学んだ．とくに，$\vec{N} = \vec{0}$ のときは，$\vec{L} = \vec{C}$（一定）となり，角運動量は一定に保たれる．これを，角運動量保存の法則という．

例題 8.1

図 8.1 のように，質量 m の物体が xy 平面上で $y = d$ の直線上を等速 v で運動している．原点 O のまわりの角運動量の大きさと向きを求めよ．

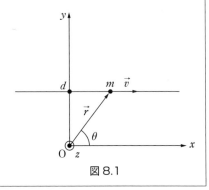

図 8.1

解

等速直線運動なので物体にはたらいている力は 0 であることに着目する．
回転運動の運動方程式，

$$\frac{d\vec{L}}{dt} = \vec{N}$$

において，$\vec{F} = \vec{0}$ なので $\vec{N} = \vec{r} \times \vec{F} = \vec{0}$ となる．

したがって $\dfrac{d\vec{L}}{dt} = \vec{0}$ より $\vec{L} = \vec{C}$（一定）となる．

向きは $\vec{L} = \vec{r} \times \vec{p} = \vec{r} \times m\vec{v}$ より $-z$ 方向（$\vec{r}$ から $\vec{v}$ の向きに右ねじを回すときねじの進む向き）

$$\vec{L} = (0, 0, L_z)$$

大きさは $L_z = rp \sin\theta = rmv \sin\theta = mvd$ （∵ $r \sin\theta = d$）

$$\therefore \quad L = L_z = mvd \text{（一定）}$$

> **問**
> 角運動量 $\vec{L}$ が一定のとき，物体は $\vec{L}$ に垂直な平面内で運動することを示せ．

解
$\vec{L}$ の向きに z 軸をとる．$\vec{L} = \vec{C} = (0, 0, C)$ とする．

$$\vec{L} = (L_x, L_y, L_z), \quad \vec{p} = (p_x, p_y, p_z), \quad \vec{r} = (x, y, z)$$
$$\vec{L} = \vec{r} \times \vec{p} \rightarrow (L_x, L_y, L_z) = (yp_z - zp_y, zp_x - xp_z, xp_y - yp_x)$$
$$= (0, 0, C)$$
$$\vec{L} \cdot \vec{r} = xL_x + yL_y + zL_z = 0 + 0 + z(xp_y - yp_x) = zC$$

ここで，$\vec{A} = \vec{B} = \vec{r}$, $\vec{C} = \vec{p}$ としてベクトル公式（スカラー3重積）

$$\vec{A} \cdot (\vec{B} \times \vec{C}) = \vec{B} \cdot (\vec{C} \times \vec{A}) = \vec{C} \cdot (\vec{A} \times \vec{B})$$

を用いると，$\vec{L} \cdot \vec{r} = (\vec{r} \times \vec{p}) \cdot \vec{r} = \vec{p} \cdot (\vec{r} \times \vec{r}) = \vec{0}$ ($\because \vec{r} \times \vec{r} = \vec{0}$) より，$zC = 0 (C \neq 0)$ $\therefore z = 0$

これは，運動が $z = 0$ の平面（xy 面）で起きていることを示している．

> **例題 8.2**
> 質量 m の物体 P が半径 r の円の周上を角速度 ω（一定）で円運動している．この物体 P の円の中心 O のまわりの角運動量 $\vec{L}$ を求めよ．

解
$\omega =$ 一定なので，$v = r\omega =$ 一定より，物体は等速円運動をしている．

円運動が xy 平面で起こっているとし，それに垂直に z 軸をとる．物体 P の位置ベクトル $\vec{r}$ と運動量ベクトル $\vec{p}$ は，

$$\vec{r} = (x, y, z) = (r\cos\omega t, r\sin\omega t, 0)$$
$$\vec{p} = (p_x, p_y, p_z) = m\vec{v} = m\frac{d\vec{r}}{dt} = (-mr\omega \sin\omega t, mr\omega \cos\omega t, 0)$$

よって，物体 P の角運動量 $\vec{L}$ は，

$$\vec{L} = \vec{r} \times \vec{p} = (yp_z - zp_y, zp_x - xp_z, xp_y - yp_x)$$
$$= (0, 0, mr^2\omega) = \vec{C} \text{（一定）}$$

となる(図 8.2). $\vec{L}$ の向きは $+z$ 方向で，大きさは $mr^2\omega$ (一定) となり，角運動量は時間的に一定に保たれている．等速円運動の向心力は中心力なので $\vec{N} = \vec{0}$ となり，角運動量 $\vec{L}$ は一定に保たれることを示している．

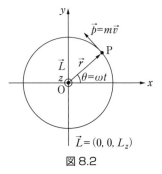

図 8.2

例題 8.3

図 8.3 のように，水平な板にあけた小さな穴 O に糸を通し，その一端に質量 m の小物体を結んで板の上におき，半径 r_0，速さ v_0 の等速円運動をさせる．糸と穴や板の間に摩擦はないものとする．

この糸をゆっくり引っ張って，円運動の半径を r_1 に縮めたときの小物体の速度を v_1 とする．

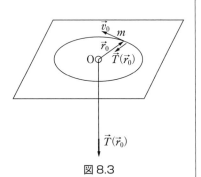

図 8.3

(1) v_1 を r_0, r_1, v_0 で表せ．
(2) 円運動の半径が r のときの小物体の速さを v とすると，糸の張力の大きさ $T(r)$ を m, r, L を用いて表せ．ただし，$L = mrv$ は小物体の穴 O に関する角運動量の大きさである．
(3) 半径を r_0 から r_1 に縮めるために糸の張力のする仕事 W を m, v_1, v_0 を用いて表せ．

解

(1) 小物体にはたらく張力は中心力なので，小物体の角運動量 $\vec{L}$ の大きさ L は保存される．$\vec{L}$ の向きは穴 O から上向きで，

$$L = mr_0 v_0 = mr_1 v_1$$

が成り立つ．

したがって　$v_1 = \dfrac{r_0}{r_1} v_0 \quad (> v_0)$

なお，対応する角速度は $v = r\omega$ の関係より，
$$\omega_1 = \left(\frac{r_0}{r_1}\right)^2 \omega_0 \ (>\omega_0)$$
となる．

(2) 張力 $\vec{T}(r)$ が円運動の向心力である．
$$T(r) = m\frac{v^2}{r}, \quad L = mrv$$

から $\quad T(r) = m\dfrac{1}{r}\left(\dfrac{L}{mr}\right)^2 = \dfrac{L^2}{mr^3}$

(3) 張力のする微小な仕事は，
$$dW = \vec{T} \cdot d\vec{r} = -T\,dr$$

である．
$$W = \int_{r_0}^{r_1} \vec{T} \cdot d\vec{r} = \int_{r_0}^{r_1}(-T)\,dr = -\frac{L^2}{m}\int_{r_0}^{r_1}\frac{1}{r^3}dr$$
$$= \frac{L^2}{2m}\left(\frac{1}{r_1^2} - \frac{1}{r_0^2}\right)$$

ここで，$\vec{T}$ と $d\vec{r}$ とは逆向きなので $\vec{T} \cdot d\vec{r} = -T\,dr$ の関係を用いた．
$L = mr_0v_0 = mr_1v_1$ より，
$$W = \frac{1}{2}mv_1^2 - \frac{1}{2}mv_0^2$$

と表せる．張力のした仕事は運動エネルギーの増加に等しくなる．

8.2 回転運動の運動方程式

4.4 で示した回転運動の運動方程式を適用する例を次に掲げる.

例題 8.4

図 8.4 のように,点 O から水平距離が a の点 A から,質量 m の小球 P が初速 0 で自由落下した.ただし,点 O を原点とし,水平右向きに x 軸,鉛直下向きに y 軸,紙面に垂直で裏向きに z 軸をとるものとする.

(1) 小球 P の O のまわりの角運動量 $\vec{L}$ を求めよ.
(2) 小球 P にはたらく重力の O のまわりの力のモーメント $\vec{N}$ を求めよ.
(3) 回転運動の運動方程式が成り立つことを示せ.

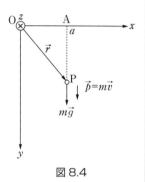

図 8.4

解

(1) $\vec{L} = \vec{r} \times \vec{p} = \vec{r} \times m\vec{v}$ において,

$$\vec{r} = \left(a, \frac{1}{2}gt^2, 0\right)$$

$$\vec{v} = (0, gt, 0)$$

であるから,

$$\vec{L} = (0, 0, amgt)$$

$\vec{L}$ の向きは $+z$ 方向である.

(2) $\vec{N} = \vec{r} \times \vec{F}$ において,

$$\vec{F} = (0, mg, 0)$$

であるから,

$$\vec{N} = (0, 0, amg)$$

$\vec{N}$ の向きは $+z$ 方向である.

(1),(2) ともベクトル積 $\vec{A} \times \vec{B} = (A_y B_z - A_z B_y, A_z B_x - A_x B_z, A_x B_y - A_y B_x)$ を用いた.

(3) (1),(2)の結果より,z 成分について,

$$\frac{dL_z}{dt} = amg = N_z$$

の関係がある.よって,回転運動の運動方程式,

$$\frac{d\vec{L}}{dt} = \vec{N}$$

が成り立つ.

例題 8.5
質量 m の小球 P を長さ l の糸でつるした単振り子の周期を回転運動の運動方程式を用いて求めよ.

解

図 8.5 のように,固定点を原点 O とし,水平方向右向きに y 軸,鉛直下向きに x 軸,xy 平面に垂直に z 軸をとる.z 軸のまわりを小球 P が回転運動する運動方程式は,

$$\frac{dL_z}{dt} = N_z = (\vec{r} \times m\vec{g})_z$$

図 8.5

と表される.$\vec{r} = (l\cos\theta, l\sin\theta, 0)$, $m\vec{g} = (mg, 0, 0)$, $\vec{L} = (0, 0, L_z)$, $L_z = \left(\vec{r} \times m\dfrac{d\vec{r}}{dt}\right)_z = ml^2\dfrac{d\theta}{dt}$ であるから,

$$ml^2\frac{d^2\theta}{dt^2} = -mgl\sin\theta$$

$\vec{r}$ と $\vec{S}$(糸の張力)は反平行なので,$(\vec{r} \times \vec{S})_z = 0$ となり,N_z に寄与しないことに注意する.

$\theta \fallingdotseq 0$ のとき,

$$\frac{d^2\theta}{dt^2} = -\frac{g}{l}\theta \quad \left(\omega_0 = \sqrt{\frac{g}{l}}\right)$$

となり,

$$\theta = \theta_0 \sin(\omega_0 t + \phi)$$

がえられる．よって $T = \dfrac{2\pi}{\omega_0} = 2\pi\sqrt{\dfrac{l}{g}}$

8.3 面積速度

図8.6において，$\vec{r}$ の位置Pにあった質量 m の物体が中心力を受けて dt 時間後に $\vec{r} + d\vec{r}$ の位置Qに移動したとする．d は，きわめて小さいということを表す．

この間に力の中心Oと物体を結ぶ直線が掃く扇形OPQの面積 dS は，dt が小のとき $d\vec{r}$ も小となるので △OPQ の面積と見なしてよい．このとき，dS は $\vec{r}$ と変位 $d\vec{r}$ がつくる平行四辺形の面積 $|\vec{r} \times d\vec{r}|$ の半分に等しいとするか，$\vec{r}$ と $d\vec{r}$ のなす角を θ とし，△OPQ の面積を直接求めてもよい．

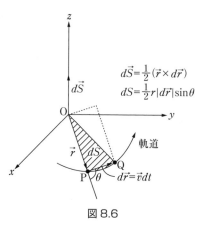

図 8.6

$$dS = \frac{1}{2}|\vec{r} \times d\vec{r}| = \frac{1}{2}r|d\vec{r}|\sin\theta$$

物体の速度を $\vec{v}$ とすると，

$$\vec{p} = m\vec{v} = m\frac{d\vec{r}}{dt}$$

の関係から，

$$dS = \frac{1}{2m}|\vec{r} \times \vec{p}|dt$$

$$\rightarrow \quad \frac{dS}{dt} = \frac{1}{2m}|\vec{r} \times \vec{p}|$$

と変形できる．角運動量 $\vec{L} = \vec{r} \times \vec{p}$ を用いて書き直すと，

$$\frac{dS}{dt} = \frac{1}{2m}|\vec{L}|$$

がえられる．

中心力による物体の運動では $\vec{N}$（力のモーメント）$= \vec{0}$ より $\vec{L} = \vec{C}$（一定）になるので，

$$\frac{dS}{dt} = \frac{L}{2m} \text{ (一定)}$$

となる．$\frac{dS}{dt}$ を面積速度という．

惑星の運動では，万有引力が中心力なので面積速度一定が成り立つ．これをケプラーの第2法則という．

参考 微小面積ベクトル $d\vec{S} = \frac{1}{2}(\vec{r} \times d\vec{r})$ を，向きは $+z$ 方向で，大きさが $dS = \frac{1}{2}|\vec{r} \times d\vec{r}|$ のベクトルと考えると，面積速度はベクトルの形で，

$$\frac{d\vec{S}}{dt} = \frac{1}{2m}\vec{L}$$

と表される．

例題 8.6

図 8.7 に示すように，質量 m の物体が中心力 $\vec{F}(\vec{r}) = -k\vec{r}$ $(k>0)$ を受けて xy 平面内を運動している．
(1) 物体の軌道を表す式を求めよ．
(2) 角運動量は一定になることを示せ．
(3) (2)の結果から面積速度を求めよ．
(4) 周期は軌道によらず一定であることを示せ．

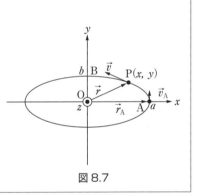

図 8.7

解
(1) 運動方程式は，

$$x \text{ 方向}: m\frac{d^2x}{dt^2} = -kx$$

$$y \text{ 方向}: m\frac{d^2y}{dt^2} = -ky$$

運動は x 方向と y 方向とも単振動する．
それぞれの解を，

$$x = a\cos\omega t, \quad y = b\sin\omega t \quad \left(\omega = \sqrt{\frac{k}{m}}\right) \qquad ①$$

とする．$\sin^2\omega t + \cos^2\omega t = 1$ より，
$$\frac{x^2}{a^2} + \frac{y^2}{b^2} = 1$$
となる．これは $a > b$ とすると，力の中心を原点 O とする x 軸を長軸，y 軸を短軸とする楕円軌道を表す式である．

(2) 中心力を受ける運動なので原点 O のまわりの角運動量の大きさ L は一定になることが予想される．
$$v_x = -a\omega \sin\omega t, \quad v_y = b\omega \cos\omega t \qquad ②$$
である．
$$\begin{aligned}
\vec{L} = \vec{r}\times\vec{p} = m\vec{r}\times\vec{v} &= m(x, y, 0)\times(v_x, v_y, 0) \\
&= m(0, 0, xv_y - yv_x) \\
&= m(0, 0, a\cos\omega t(b\omega\cos\omega t) - b\sin\omega t(-a\omega\sin\omega t)) \\
&= m(0, 0, ab\omega) \\
L_z = mab\omega &= 一定
\end{aligned}$$
となる．$\vec{L}$ の向きは $+z$ 方向．

(3) $$\frac{dS}{dt} = \frac{|\vec{L}|}{2m} = \frac{L_z}{2m} = \frac{m}{2m}ab\omega = \frac{1}{2}ab\omega \quad (一定)$$

$\vec{r}$ と $\vec{v}$ が直交する場合は，$\vec{r}$ と $\vec{v}$ の大きさがわかれば簡単に求められる．

たとえば，軌道と x 軸との交点を A とすると $\vec{r}_A = (a, 0)$
速度は $\vec{v}_A = (0, b\omega)$ なので，
面積速度の一定値は $\dfrac{1}{2}|\vec{r}_A\times\vec{v}_A| = \dfrac{1}{2}r_A v_A \sin 90° = \dfrac{1}{2}r_A v_A = \dfrac{1}{2}ab\omega$
と直ちに求められる．$\vec{r}_A$ と $\vec{v}_A$ の成分は①，②で $\omega t = 0$ としてえられる．同様に軌道と y 軸との交点 B からも $\omega t = \dfrac{\pi}{2}$ として $\dfrac{1}{2}ab\omega$ が求められる．

(4) x，y 方向いずれも単振動（ω は共通）するので，
$$T = \frac{2\pi}{\omega} = 2\pi\sqrt{\frac{m}{k}} \quad (一定)$$
となる．振幅 a，b によらない → 軌道によらないことがわかる．

8 角運動量と回転運動

例題 8.7

楕円軌道上を動く人工衛星の近地点 A の地球の中心 E からの距離は r_1, 遠地点 A′ の E からの距離は r_2 である. A での速さが v_1 であるとき, A′ での速さ v_2 と中間点 B での速さ v_3 は v_1 の何倍か.

地球と人工衛星の間には万有引力(中心力)がはたらいているので, 角運動量は保存される(=面積速度が一定=ケプラーの第2法則). このとき, 人工衛星は地球を一つの焦点とする楕円軌道(=ケプラーの第1法則)を描くことは知られているものとする.

数学的準備

2 定点 $F(c, 0)$, $F'(-c, 0)$ (焦点という)からの距離の和が $2a$(一定)である点 P の軌跡を楕円という(図 8.8).

楕円の方程式は,
$$\frac{x^2}{a^2} + \frac{y^2}{b^2} = 1$$
となる. ここで $b = \sqrt{a^2 - c^2}$ とおいた.

楕円と x, y 軸との交点(頂点)は, $A(a, 0)$, $A'(-a, 0)$, $B(0, b)$, $B'(0, -b)$ である.

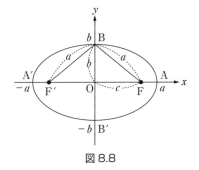

図 8.8

解

図 8.9 のように, x, y 軸をとり, A, A′, B, B′ の座標を $A(a, 0)$, $A'(-a, 0)$, $B(0, b)$, $B'(0, -b)$ とおく.

図より,
$$\overline{OA} = a = \frac{1}{2}(r_1 + r_2), \quad \overline{OE} = a - r_1 = \frac{1}{2}(r_2 - r_1)$$

さらに楕円の性質より $\overline{BE} = a$, したがって,
$$\overline{BO} = b = \sqrt{\overline{BE}^2 - \overline{OE}^2} = \sqrt{r_1 r_2}$$

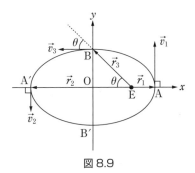

図 8.9

A, A′, B の点 E からの位置ベクトルを $\vec{r_1}, \vec{r_2}, \vec{r_3}$ とし, $\vec{r_3}$ と $\vec{v_3}$ とのなす角を θ とし, ケプラーの第2法則を適用する. 人工衛星の質量を m とし,

面積速度 $\dfrac{dS}{dt} = \dfrac{1}{2m}|\vec{L}| = \dfrac{1}{2}|\vec{r} \times \vec{v}|$ (一定)

を点 A, A′, B に適用する.

$$\frac{1}{2}(r_1 v_1) = \frac{1}{2}(r_2 v_2) = \frac{1}{2}(r_3 v_3 \sin\theta), \quad \sin\theta = \frac{b}{r_3}$$

より, $\dfrac{v_2}{v_1} = \dfrac{r_1}{r_2}, \ \dfrac{v_3}{v_1} = \dfrac{r_1}{b} = \sqrt{\dfrac{r_1}{r_2}}$

となる.

$$\therefore \quad v_2 = \frac{r_1}{r_2} v_1, \quad v_3 = \sqrt{\frac{r_1}{r_2}} v_1$$

9　非慣性系と見かけの力

運動の第1法則(慣性の法則)が成り立つ座標系を
慣性系(慣性座標系)，
成り立たない座標系を非慣性系(非慣性座標系)という．
運動の第2法則を表現する運動方程式 $m\vec{a}=\vec{F}$ は
慣性系でのみ成り立つ．
慣性系に対して加速度をもつ座標系は
すべて非慣性系である．
この系では，$m\vec{a}=\vec{F}$ がこのままでは成り立たず
見かけの力が現れる．
非慣性系で現れる見かけの力を慣性力という．
非慣性系には並進座標系と回転座標系がある．

9.1 並進座標系と見かけの力(慣性力)

慣性系($O-xyz$)(S系とよぶ)に対して,それぞれx, y, z軸に平行なx', y', z'軸をもつ並進座標系($O'-x'y'z'$)(S′系とよぶ)を考える(図9.1).質量mの質点Pの位置ベクトルと加速度のS系での値をそれぞれ$\vec{r}, \vec{a}$,S′系での値をそれぞれ$\vec{r}', \vec{a}'$,S系の原点Oから見たときのS′系の原点O′の位置ベクトルを$\vec{r}_0$とすれば,これらの間には,

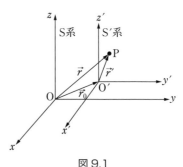

図9.1

$$\vec{r} = \vec{r}_0 + \vec{r}'$$
$$\vec{a} = \vec{a}_0 + \vec{a}'$$

が成り立つ.ここに$\vec{a}_0$はS′系のS系に対する加速度である.運動の第2法則はS系で成り立つが,S′系ではまったく違った形になる.すなわち,質点Pに力$\vec{F}$がはたらいているとき,S系では,

$$m\vec{a} = \vec{F}$$

であり,S′系では,

$$m(\vec{a}_0 + \vec{a}') = \vec{F} \rightarrow m\vec{a}' = \vec{F} - m\vec{a}_0$$

となる.このように,S′系では真の力$\vec{F}$のほかにもう1つの力$-m\vec{a}_0$がはたらいているように見える.このような力を見かけの力(慣性力)という.とくに$\vec{a}_0 = \vec{c}$(定ベクトル)の場合,すなわちS′系がS系に対して等加速度運動している時には,(並進)慣性力は時間によらず一定の力になる.

例題 9.1

等加速度$\vec{a}$で水平に動いている電車がある.電車の中で,質量mの小球がひもでつりさげられ静止している.ひもと鉛直線とのなす角θをS系(地上)とS′系(電車)の両方の立場で求めよ.また,ひもの張力$\vec{T}$の大きさTはいくらか.

解

S系で見た場合,x, y軸を図9.2のようにとる.小球には重力$m\vec{g} = (0, -mg)$,

9 非慣性系と見かけの力

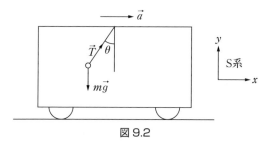

図 9.2

張力 $\vec{T} = (T\sin\theta, T\cos\theta)$ の 2 力がはたらいている．運動方程式は，

$$m\vec{a} = \vec{T} + m\vec{g}$$

成分で書くと，$\vec{a} = (a, 0)$ であるから，

$$x\,方向: ma_x = ma = T\sin\theta$$
$$y\,方向: ma_y = 0 = T\cos\theta - mg$$

両式より，T を消去すると，

$$\tan\theta = \frac{a}{g} \;\to\; \theta = \tan^{-1}\frac{a}{g}$$

が求まる．

張力 $\vec{T}$ の大きさ T は，

$$T = m\sqrt{a^2 + g^2}$$

である．

S′ 系で見た場合，x', y' 軸を図 9.3 のようにとる．小球には $m\vec{g}$, $\vec{T}$ の他に見かけの力 $-m\vec{a}$ がはたらいてつりあっている．

$$\vec{T} + m\vec{g} + (-m\vec{a}) = \vec{0}$$

成分で書くと，

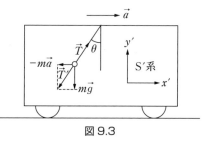

図 9.3

$$x'\,方向: T\sin\theta - ma = 0$$
$$y'\,方向: T\cos\theta - mg = 0$$

両式より，

$$\tan\theta = \frac{a}{g} \quad \left(\theta = \tan^{-1}\frac{a}{g}\right), \quad T = m\sqrt{a^2 + g^2}$$

が求まる.

参考

重力と慣性力の合力

$$\vec{T'} = -\vec{T} = m\vec{g} + (-m\vec{a}) = m(\vec{g} + (-\vec{a})) = m\vec{g'}$$

は S′ 系で小球にはたらく見かけの重力とみなすことができる.

この場合,見かけ上の重力加速度 $\vec{g'}$ は鉛直下方($-y'$ 方向)と θ の角をなし,大きさは,

$$g' = \sqrt{g^2 + a^2}$$

となる.

問

加速度 $\vec{a}$ で動いている電車内につりさげられた小球の糸を切ると,小球はどのような軌道を描いて落下するか.また,これを S 系(地上系)で見るときの軌道はどうなるか.

解

S′ 系のとき,小球には $\vec{g'}$ のみがはたらくのでその力の方向($-y'$ 方向から θ の角)へ,大きさ g' の加速度で等加速度直線運動をする(図 9.4(a)).

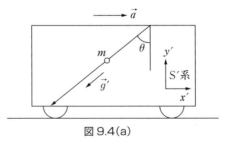

図 9.4(a)

一方,S 系で見ると糸を切った瞬間($t=0$),小球は x 方向に電車と同じ速さ $v(t=0)$ で動いていて,その後小球には重力 $m\vec{g}$ のみがはたらく.

よって,小球は水平投射の場合と同じ運動となり,放物線の軌道を描いて落ちていく(図 9.4(b)).

9 非慣性系と見かけの力

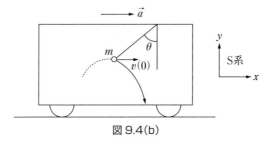

図9.4(b)

参考

なめらかな床の上に静止していたボールは $-x'$ 方向に転がり始める．

$$ma'_x = -ma$$

$$a'_x = -a, \quad \vec{v}'_x = -at, \quad \vec{x}' = -\frac{1}{2}at^2$$

となることが理解できよう．

例題 9.2

図9.5 に示すように，加速度 a で加速している電車の天井からぶらさげた長さ l の糸の先端に質量 m の小球をとりつけると，糸は $-y'$ 方向と θ の角をなして静止した．θ の近くで微小振動させる．この場合の周期を求めよ．

解

S′系(電車内の座標系)で糸の方向を電車内の「鉛直方向」と見なし，この方向に見かけの重力 $m\vec{g}'$ がはたらいていると考えると，重力 $m\vec{g}$ がはたらいている単振り子と同様の単振動をする．

単振り子の周期，

$$T = 2\pi\sqrt{\frac{l}{g}}$$

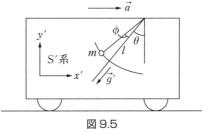

図9.5

の g を $g' = \sqrt{g^2 + a^2}$ に変更して，

$$T' = 2\pi\sqrt{\frac{l}{g'}} = 2\pi\sqrt{\frac{l}{\sqrt{g^2 + a^2}}}$$

と求められる．

θ からのふれの角を ϕ として,接線方向の運動方程式から,

$$\frac{d^2\phi}{dt^2} = -\frac{g'}{l}\sin\phi \fallingdotseq -\frac{g'}{l}\phi = -\omega'^2\phi \quad \left(\omega' = \sqrt{\frac{g'}{l}}\right)$$

がえられる.

これから周期が,

$$T' = \frac{2\pi}{\omega'} = 2\pi\sqrt{\frac{l}{g'}} = 2\pi\sqrt{\frac{l}{\sqrt{g^2+a^2}}}$$

と求められる.

9.2　回転座標系と見かけの力(遠心力,コリオリの力)

図9.6のように,慣性系(静止系)S(O-xyz)の z 軸のまわりを角速度 ω で回転している回転座標系 S'(O'-x'y'z') を考える.

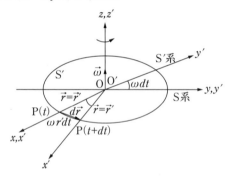

図9.6

両系の原点 O,O' は同じで,z,z' 軸は平行であるとする.このとき,両系で見た動いている点 P の位置ベクトル $\vec{r}$,$\vec{r}'$ は,つねに等しく,

$$\vec{r} = \overrightarrow{OP} = \overrightarrow{O'P} = \vec{r}', \quad d\vec{r} = d\vec{r}' (微小変位)$$

の関係が成り立っている.

時刻 t に x 軸と x' 軸が一致していたとする.

このとき,S'系の $x' = r$,$y' = 0$ の位置に固定した点 P は時刻 $t+dt$ には,S'系で見ると同一点であるが,S系から見ると $r\omega dt$ だけ半径 r の円上を移動している.

大きさが ω で,回転している向きに右ねじを回したとき,右ねじの進む向きを向いている角速度ベクトル $\vec{\omega}$ を用いると,移動距離を向きまで含めた微小変位は,

9 非慣性系と見かけの力

$$d\vec{r} = (\vec{\omega} \times \vec{r})dt, \quad \vec{\omega} = (0, 0, \omega)$$

と表される.

点Pの速度は,

$$\vec{v} = \frac{d\vec{r}}{dt} = \vec{\omega} \times \vec{r}$$

となる. 大きさは ωr で向きが半径 r の円の接線方向である (図9.7).

次に S′ 系で点Pが固定されてなく, 時間 dt の間に点Pの位置が $x'y'$ 平面内を $d'\vec{r}'$ だけ, 動いた場合を考える.

このとき, S系から見た点Pの全変位は固定されていたときの点Pの変位分 $(\vec{\omega} \times \vec{r})dt$ に $d'\vec{r}'$ が加わる (図9.8).

$$d\vec{r} = d'\vec{r}' + (\vec{\omega} \times \vec{r})dt$$

$d\vec{r} = d\vec{r}'$ であるが, $d\vec{r}' \neq d'\vec{r}'$ であることに注意する.

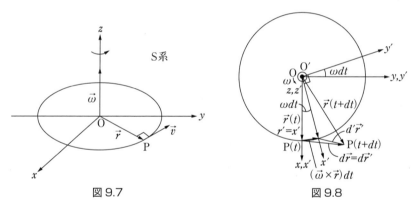

図9.7　　　　　　　　図9.8

上式の両辺を dt で割り $\vec{r}' = \vec{r}$ を用いると,

$$\vec{v} = \frac{d\vec{r}}{dt} = \frac{d\vec{r}'}{dt} = \frac{d'\vec{r}'}{dt} + \vec{\omega} \times \vec{r} \quad \text{①}$$

$$= \vec{v}' + \vec{\omega} \times \vec{r} \quad \text{②}$$

の関係がえられる. $\vec{v}$ はS系で見た点Pの速度を, $\vec{v}'$ はS′系で見た速度を表す.

$$\vec{v}' = \vec{0} \text{ (点Pが固定) のとき, } \vec{v} = \vec{\omega} \times \vec{r}$$

となる.

上の②を t で微分するとS系で見た点Pの加速度を求めることができる.

$$\vec{a} = \frac{d\vec{v}}{dt} = \frac{d\vec{v}'}{dt} + \frac{d}{dt}(\vec{\omega} \times \vec{r}) \qquad ③$$

右辺の第 1 項は,

$$v = \frac{d\vec{r}}{dt} = \frac{d\vec{r}'}{dt} = \frac{d'\vec{r}'}{dt} + \vec{\omega} \times \vec{r} \quad (=\vec{\omega} \times \vec{r}')$$

の式の $\vec{r}$ を $\vec{v}'$ に置き換えると,

$$\frac{d\vec{v}'}{dt} = \frac{d'\vec{v}'}{dt} + \vec{\omega} \times \vec{v}'$$
$$= \vec{a}' + \vec{\omega} \times \vec{v}'$$

となる.ここで $\vec{a}'$ は S′ 系で見た点 P の加速度である.

③の右辺の第 2 項は②を用いると,

$$\frac{d(\vec{\omega} \times \vec{r})}{dt} = \vec{\omega} \times \frac{d\vec{r}}{dt} = \vec{\omega} \times \vec{v}$$
$$= \vec{\omega} \times (\vec{v}' + \vec{\omega} \times \vec{r}')$$

となる.

よって,

$$\vec{a} = (\vec{a}' + \vec{\omega} \times \vec{v}') + \vec{\omega} \times (\vec{v}' + \vec{\omega} \times \vec{r}')$$

質量 m の物体に力 $\vec{F}$ がはたらくとき,S 系が成り立つ運動方程式 $m\vec{a} = \vec{F}$
に代入すると,

$$m[\vec{a}' + 2\vec{\omega} \times \vec{v}' + \vec{\omega} \times (\vec{\omega} \times \vec{r}')] = \vec{F}$$

これから,S′ 系から見た「運動方程式」は,

$$m\vec{a}' = \vec{F} - 2m\vec{\omega} \times \vec{v}' - m\vec{\omega} \times (\vec{\omega} \times \vec{r}')$$

となる.

右辺の第 2,3 項は回転しているために現れる見かけの力で,第 2 項の力 $\vec{f}_1$ をコリオリの力,第 3 項の力 $\vec{f}_2$ を遠心力とよぶ.

遠心力 $\vec{f}_2$ は,
ベクトル 3 重積の公式,

$$\vec{A} \times (\vec{B} \times \vec{C}) = (\vec{A} \cdot \vec{C})\vec{B} - (\vec{A} \cdot \vec{B})\vec{C} \quad (= \vec{B}(\vec{A} \cdot \vec{C}) - \vec{C}(\vec{A} \cdot \vec{B}))$$

を用いると,

$$\vec{f}_2 = -m\vec{\omega} \times (\vec{\omega} \times \vec{r'})$$
$$= -m(\vec{\omega} \cdot \vec{r'})\vec{\omega} + m(\vec{\omega} \cdot \vec{\omega})\vec{r'}$$
$$= m\omega^2 \vec{r'} \quad (\because \vec{\omega} \perp \vec{r'})$$

と表すこともできる.

遠心力はS′系に対して静止している物体にも運動している物体にもはたらくのに対して,コリオリの力は運動している物体にしかはたらかない.

遠心力の大きさは回転軸と物体との距離に比例するが,コリオリの力は物体の位置とは無関係である.

S′系で現れるこれら2つの力 $\vec{f}_1$, $\vec{f}_2$ は並進座標系で現れる $-m\vec{a}$ と同様に見かけの力である.

S系に対して加速度運動していたり,回転しているS′系に現れる見かけの力を慣性力という.

慣性力はあくまで数学的に出てきた見かけ上のもので,実体的なものではない. ニュートンの運動の法則が成り立つS系においては現れないことに注意する.

例題 9.3

図9.9のように,軸が鉛直で半頂角が θ の円すいがある.質量 m の小球Pがなめらかな円すいの内面に沿って,高さ h の位置の水平面内を等速円運動している.重力加速度の大きさを g とする.

(1) 小球が円すいの内面から受ける垂直抗力の大きさ N を求めよ.
(2) 小球の速さ v を求めよ.
(3) 円運動の周期 T を求めよ.

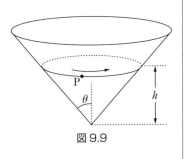

図9.9

解

(1) 慣性系で解く方法.

図9.10(a)より,

$r = \mathrm{OP} = h\tan\theta$ となる.

円運動の運動方程式,

向心成分$(-x$方向$)$：$m\dfrac{v^2}{r}=N\cos\theta$　　①

鉛直成分$(z$成分$)$：$N\sin\theta=mg$　　②

②より　$N=\dfrac{mg}{\sin\theta}$　　③

(2) ③を①に代入．

$$m\dfrac{v^2}{h\tan\theta}=\dfrac{mg}{\sin\theta}\cos\theta$$

$$\therefore\ v=\sqrt{hg}$$

図9.10(a)

(3) $$T=\dfrac{2\pi r}{v}=\dfrac{2\pi h\tan\theta}{\sqrt{hg}}=2\pi\tan\theta\sqrt{\dfrac{h}{g}}$$

見かけの力(遠心力)で解く方法．

図9.10(b)に示すように，角速度 $\omega\left(=\dfrac{v}{r}\right)$ で回転している回転座標(x',z') で見ると静止していても，小球には遠心力がはたらく．

x',z' 方向でつりあいの式が成り立つ．

$x'：m\dfrac{v^2}{r}$（遠心力）$-N\cos\theta=0$

$z'：N\sin\theta-mg=0$

これから，N，v が求まる．

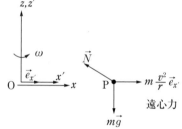

$\vec{e}_{x'}：x'$方向の単位ベクトル

図9.10(b)

例題 9.4

図 9.11 のように,慣性系(静止系) S($O-xyz$) の z 軸のまわりに角速度 ω で回転しているなめらかな水平面上に座標系 S'($O'-x'y'z'$) をとる.

ここで,原点 O, O' は一致し,z,z' は平行であるとする.

(1) $x'y'$ 面上において,長さ r' の糸の一端 P に質量 m の小球を結び,他端を原点 O' に結んだとする.$x'y'$ 面上で,小球が速さ v' で円運動しているとき,コリオリの力 $\vec{f_1}$,遠心力 $\vec{f_2}$ の大きさと向きを図に示せ.また,糸の張力の大きさ T を m, r', ω で表せ.

(2) 次に,糸をとりはずし,O'P=r' の位置に小球をおき,O' から P の方向に速さ v' を与えたとき,小球にはたらくコリオリの力 $\vec{f_1'}$,遠心力 $\vec{f_2'}$ の大きさと向きを図に示せ.

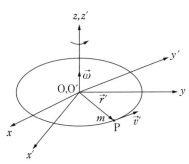

図 9.11

解

(1) 図 9.12 からわかるように,
$\vec{f_1} = -2m\vec{\omega} \times \vec{v'} = 2m\vec{v'} \times \vec{\omega}$ より,

大きさ:$f_1 = 2mv'\omega \sin\dfrac{\pi}{2} = 2mv'\omega$

向き:$\vec{v'}$ から $\vec{\omega}$ へ右ねじを回すとき,ねじの進む向き → O' から P への向き

$\vec{f_2} = -m\vec{\omega}(\vec{\omega}\cdot\vec{r'}) + m\omega^2 \vec{r'}$

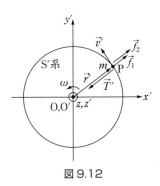

図 9.12

より,
$\vec{\omega} \perp \vec{r'}$ に注意すると $\vec{\omega}\cdot\vec{r'} = 0$ となる.

大きさ:$f_2 = m\omega^2 r'$

向き:O' から P への向き

S' 系における円の運動方程式は,

$$m\dfrac{v'^2}{r'} = T - f_1 - f_2$$
$$= T - 2mv'\omega - m\omega^2 r'$$

$$T = m\frac{v'^2}{v'} + 2mv'\omega + m\omega^2 r'$$

$v' = r'\omega$ とあわせて,

$$T = m\frac{1}{r'}r'^2\omega^2 + 2mr'\omega^2 + m\omega^2 r'$$
$$= mr'\omega^2 + 2mr'\omega^2 + mr'\omega^2$$
$$= 4mr'\omega^2$$

(2) 図 9.13 に示すように, f_2' の向きは O′→P の向きで大きさは,

$$f_2' = m\omega^2 r'$$

f_1' の大きさは,

$$f_1' = 2m\omega v' \sin\frac{\pi}{2} = 2m\omega v'$$
$$\therefore \frac{f_1'}{f_2'} = \frac{2v'}{\omega r'}$$

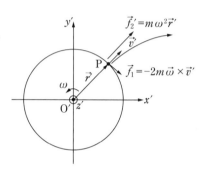

図 9.13

となる.これより,r' の位置で v' が大きいほど物体は右向きのコリオリの力を強く受けることがわかる.

例題 9.5
　北緯 θ の地点 P を質量 m の物体が速さ v' で真北に運動している.この物体にはたらくコリオリの力 $\vec{f_1}$ の大きさと向きを求めよ.自転の角速度の大きさは ω とする.

解
　地球は西から東へ向かって回転しているから,角速度ベクトル $\vec{\omega}$ は南極から北極へ向かっている.
　図 9.14 のように,地球の中心を原点 O′ とし,地球に固定された座標系を S′ 系(O′–$x'y'z'$)にとると $+z'$ 軸が $\vec{\omega}$ の向きになる.

$$\vec{f_1} = -2m\vec{\omega} \times \vec{v'} = 2m(\vec{v'} \times \vec{\omega})$$

$\vec{v'}$ から $\vec{\omega}$ へ右ねじを回すとき,ねじの進む向きは $+y'$ 方向,すなわち真東を向いている.大きさは,

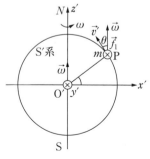

図 9.14

$$f_1 = 2mv'\omega \sin\theta$$

となる。

計算では，

$$\vec{v'} = (-v' \sin\theta, 0, v' \cos\theta)$$
$$\vec{\omega} = (0, 0, \omega)$$
$$2m\vec{v'} \times \vec{\omega} = 2m(0, +(v'\sin\theta)\omega, 0)$$

より，$f_1 = 2mv'\omega\sin\theta$
となる。

ベクトル積 $\vec{A} \times \vec{B} = (A_yB_z - A_zB_y, A_zB_x - A_xB_z, A_xB_y - A_yB_x)$
を $\vec{A} = \vec{v'}, \vec{B} = \vec{\omega}$ として用いた。

参考

点P(地上)における遠心力 $\vec{f_2}$ の向きと大きさを求めてみよう(図9.15)。

$\vec{f_2}$ はコリオリの力 $\vec{f_1}$ と異なり，静止 ($\vec{v'} = \vec{0}$) していてもはたらく。

点Pの位置ベクトルを $\vec{r'}(r' = R)$ とすると，

$$\vec{f_2} = -m\vec{\omega} \times (\vec{\omega} \times \vec{r'}) = m(\vec{\omega} \times \vec{r'}) \times \vec{\omega}$$

$\vec{\omega} \times \vec{r'}$ の向きは $+y'$ 方向。$\vec{f_2}$ は，この方向と $\vec{\omega}$ とのベクトル積なので $+x'$ 方向を向く。

大きさは $|\vec{\omega} \times \vec{r'}| = \omega r' \sin\left(\dfrac{\pi}{2} - \theta\right) = \omega r' \cos\theta$

に注意すると，

$$f_2 = m\omega^2 R \cos\theta$$

となる。ここで，R は地球の半径を表す。

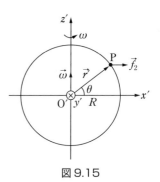

図9.15

> **例題 9.6**
> 地球の赤道上を西向きに速さ v' で水平に運動させると,質量 m の物体にはたらくコリオリの力 $\vec{f_1}$ と遠心力 $\vec{f_2}$ がちょうど打ち消しあったという.v' を求めよ.
> ただし地球の半径を R,自転の角速度の大きさを ω とする.

解

図 9.16 のように,地球の中心を原点 O',赤道面を $x'y'$ 面,地軸を z' 軸(北極側の正の向き)とする S' 系 $(O'-x'y'z')$ を考える.自転の角速度を,

$$\vec{\omega} = (0, 0, \omega)$$

とし,赤道上の点 P の位置ベクトルを $\vec{r}$ とする.

$$\vec{f_1} = -2m\vec{\omega} \times \vec{v'} = 2m\vec{v'} \times \vec{\omega}$$

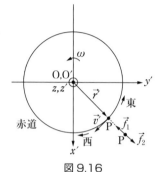

図 9.16

より,

向き　P → O' 向き ($\because \vec{v'}$ から $\vec{\omega}$ へ右ねじを回すとき,ねじの進む向き)
大きさ　$f_1 = 2mv'\omega$ ($\because \vec{v'} \perp \vec{\omega}$)

$$\vec{f_2} = -m\vec{\omega} \times (\vec{\omega} \times \vec{r'}) = m(\vec{\omega} \times \vec{r'}) \times \vec{\omega}$$

より,

向き　O' → P 向き ($\because \vec{\omega} \times \vec{r'}$ は東向き)
大きさ　$f_2 = m\omega R\omega$ ($\because r' = R$)

$f_1 = f_2$ より,

$$2mv'\omega = m\omega R\omega$$

$$v' = \frac{1}{2}R\omega$$

10　物体（質点）系から剛体へ

4.4で学んだ1物体の運動方程式や回転運動の
運動方程式が，2物体系ではどのように変るかを説明する．
新たに導入される重心の役割について理解を深める．
さらに多体系から剛体へ拡張すると，
剛体の重心が動かない，剛体が
回転しない（力のモーメントの和が $\vec{0}$）から
剛体のつりあいの条件がえられる．
新たに慣性モーメントを定義すると
剛体の回転運動の運動方程式がえられる．

10.1 2物体(質点)系の運動方程式

2物体系の物体間に内力のほかに、物体1に外力$\vec{F}_1$、物体2に外力$\vec{F}_2$がはたらくとき、それぞれの運動方程式は、

$$\frac{d\vec{p}_1}{dt} = \vec{F}_{12} + \vec{F}_1, \quad \frac{d\vec{p}_2}{dt} = \vec{F}_{21} + \vec{F}_2$$

となる(図10.1). この2物体系の全運動量は$\vec{P} = \vec{p}_1 + \vec{p}_2$、外力の和は$\vec{F} = \vec{F}_1 + \vec{F}_2$である. 内力の和$\vec{F}_{12} + \vec{F}_{21} = \vec{0}$とあわせると,

$$\frac{d\vec{P}}{dt} = \vec{F}$$

をえる. これは2物体(質点)系の運動方程式を表している.

右辺の力には内力は表には現れず、外力だけが表れることに注意する.

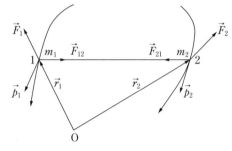

図 10.1

10.2 2物体(質点)系の重心(質量中心)

物体1, 2の質量をm_1, m_2, 位置ベクトルを$\vec{r}_1$, $\vec{r}_2$, 速度を$\vec{v}_1$, $\vec{v}_2$, 全質量を$M = m_1 + m_2$とする.

全運動量を$\vec{P} = M\vec{v}_c = m_1\vec{v}_1 + m_2\vec{v}_2$の形で表すとき,

$$\vec{v}_c = \frac{m_1\vec{v}_1 + m_2\vec{v}_2}{m_1 + m_2}$$

となる.
$\vec{r}_c = \dfrac{m_1\vec{r}_1 + m_2\vec{r}_2}{m_1 + m_2}$ を定義すると,

$$\vec{v}_c = \frac{d\vec{r}_c}{dt}$$

なので、2物体系の運動方程式は,

$$\frac{d\vec{P}}{dt} = M\frac{d\vec{v}_c}{dt} = M\frac{d^2\vec{r}_c}{dt^2} = \vec{F}$$

となる.
全質量Mが位置$\vec{r}_c$の点Gに集中し、そこに外力$\vec{F}$だけがはたらいて点Gとい

10 2物体系の運動方程式

う物体が速度 $\vec{v}_c$ で運動しているとみなしてよいことを示している.点 G を重心(質量中心)という(図 10.2).

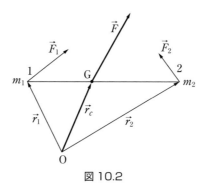

図 10.2

■重心速度 $\vec{v}_c$

重心 $\vec{r}_c$ の両辺を t で微分すると,

$$\vec{r}_c = \frac{m_1\vec{r}_1 + m_2\vec{r}_2}{m_1 + m_2} \;\rightarrow\; \vec{v}_c = \frac{d\vec{r}_c}{dt} = \frac{m_1\dfrac{d\vec{r}_1}{dt} + m_2\dfrac{d\vec{r}_2}{dt}}{m_1 + m_2} = \frac{m_1\vec{v}_1 + m_2\vec{v}_2}{m_1 + m_2}$$

右辺の分子は 2 物体系の全運動量を表している.物体系に外力が加わらない(加わっても合力が 0 も含む)限り運動量は保存されるので,重心速度 $\vec{v}_c$ は一定に保たれる.

■相対位置ベクトル

質量 m_1, m_2 の 2 物体 1, 2(位置ベクトル $\vec{r}_1$, $\vec{r}_2$)の重心(質量中心)$\vec{r}_c$ を,位置ベクトル $\vec{r}_1$, $\vec{r}_2$ の重みつき平均として定義した.

$$\vec{r}_c = \frac{m_1\vec{r}_1 + m_2\vec{r}_2}{m_1 + m_2}$$

$\vec{r}_1$ に対する $\vec{r}_2$ の相対位置ベクトルを $\vec{r} = \vec{r}_2 - \vec{r}_1$ で導入する(図 10.3).

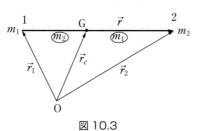

図 10.3

> **問**
> $\vec{r}_c$ と $\vec{r}$ の式より重心 G は $\vec{r}$ の長さを $m_2 : m_1$ に内分する点であることを示せ.

解
両式を逆に解いて,

$$\vec{r}_1 = \vec{r}_c - \frac{m_2}{m_1 + m_2}\vec{r}$$

$$\vec{r}_2 = \vec{r}_c + \frac{m_1}{m_1 + m_2}\vec{r}$$

をえる. これから,

$$\vec{r}_c - \vec{r}_1 = \frac{m_2}{m_1 + m_2}\vec{r}$$

$$\vec{r}_2 - \vec{r}_c = \frac{m_1}{m_1 + m_2}\vec{r}$$

$$\therefore \quad |\vec{r}_c - \vec{r}_1| : |\vec{r}_2 - \vec{r}_c| = m_2 : m_1$$

この関係式は 2 物体系の重心の位置を求めるときに効果的である.

たとえば, 長さ l の軽い棒の両端に質量 m_1, m_2 の小物体を結んだとき, A, B の重心 G の位置を求めてみよう (図 10.4). $\vec{r}_c$ の式からは,

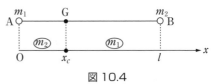

図 10.4

$$x_c = \frac{m_1 \cdot 0 + m_2 l}{m_1 + m_2} = \frac{m_2}{m_1 + m_2}l$$

l を $m_2 : m_1$ に内分する点とする方法からは,

$$(x_c - 0) : (l - x_c) = m_2 : m_1$$

より $x_c = \dfrac{m_2}{m_1 + m_2}l$

と求められる.

10.3　2 物体系の回転運動の運動方程式

2 物体系の回転運動の運動方程式は, 1 物体の場合の式

の $\vec{L}$, $\vec{N}$ を,

$$\frac{d\vec{L}}{dt} = \vec{N}$$

$$\vec{L} = \vec{r}_1 \times \vec{p}_1 + \vec{r}_2 \times \vec{p}_2$$
$$\vec{N} = \vec{r}_1 \times \vec{F}_1 + \vec{r}_2 \times \vec{F}_2$$

に変えればよい. この場合も内力は相殺されるので考えなくてよい.

2物体系にかぎらず, 3物体以上の物体系の重心も,

$$\vec{r}_c = \frac{\sum_i m_i \vec{r}_i}{\sum_i m_i}$$

として拡張して考えることができる.

このとき, 重心の運動方程式は,

$$\frac{d\vec{P}}{dt} = M\frac{d\vec{v}_c}{dt} = M\frac{d^2\vec{r}_c}{dt^2} = \vec{F}$$

となる. ただし $M = \sum_i m_i$, $\vec{F} = \sum_i \vec{F}_i$ とする.

回転運動の運動方程式も,

$$\frac{d\vec{L}}{dt} = \vec{N}$$

と変更される. ただし $\vec{L} = \sum_i \vec{r}_i \times \vec{p}_i$, $\vec{N} = \sum_i \vec{r}_i \times \vec{F}_i$ とする.

この2つの方程式は剛体のつりあいの条件を導く際に用いられる.

例題 10.1

一辺が a の正三角形の頂点 A, B, C の位置にそれぞれ質量 m, $2m$, $3m$ の小球がとりつけられている. 3物体(質点)系(A, B, C 全体)の重心の位置を求めよ.

解

図 10.5 のように, BC を x 軸に, BC の垂直2等分線を y 軸にとる. 重心 G の位置座標を (x_c, y_c) とする.

物体系の重心を求める式

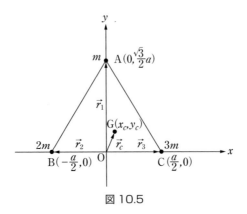

図 10.5

$$\vec{r}_c = \frac{\sum m_i \vec{r}_i}{\sum m_i}$$

に,

$$\vec{r}_c = (x_c, y_c)$$
$$\vec{r}_1 = \left(0, \frac{\sqrt{3}}{2}a\right), \quad \vec{r}_2 = \left(-\frac{a}{2}, 0\right), \quad \vec{r}_3 = \left(\frac{a}{2}, 0\right)$$

を代入し,重心 G の位置ベクトル $\vec{r}_c$ を求める.

$$x_c = \frac{m \times 0 + 2m \times \left(-\frac{a}{2}\right) + 3m \times \frac{a}{2}}{m + 2m + 3m} = \frac{1}{12}a$$

$$y_c = \frac{m \times \frac{\sqrt{3}}{2}a + 2m \times 0 + 3m \times 0}{m + 2m + 3m} = \frac{\sqrt{3}}{12}a$$

$$\therefore \quad G\left(\frac{1}{12}a, \frac{\sqrt{3}}{12}a\right)$$

3 つの小球が等質量 m のときは,

$$G\left(0, \frac{\sqrt{3}}{6}a\right)$$

となる.このとき,G は線分 AO を 2:1 に内分する点になっている.

例題 10.2

なめらかな水平な床上に質量 M,傾角 θ,斜面の長さ l の斜面台をおき,台の斜面の上端 A に質量 m の小球をのせる(図 10.6).

小球が上端 A からすべり始め,下端 B まですべり降りる間に台の動いた距離を求めよ.

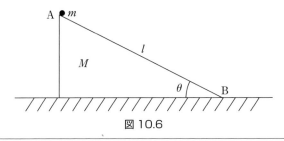

図 10.6

解

図 10.7(a)のように,水平方向に x 軸を,鉛直方向に y 軸をとる.すべり始めの小球と台の重心の x 座標をそれぞれ,$x_1(=0)$,x_2,全体の重心 G の x 座標を x_c とする.すべり降りたとき,台が動いた距離を X とする.台は $-x$ 方向に動くので,座標としては $-X$ になる.

このとき,それぞれ対応する座標を x_1',x_2',x_c' とする.重心の座標 x_c と x_c' は,

$$x_c = \frac{mx_1 + Mx_2}{m+M}$$

$$x_c' = \frac{mx_1' + Mx_2'}{m+M} = \frac{m(l\cos\theta - X) + M(x_2 - X)}{m+M}$$

となる(図 10.7(b)).

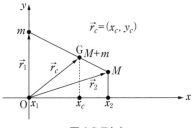

図 10.7(a)

外力の x 成分は 0 なので,重心の位置(x 座標)は不動.よって,

$$x_c = x_c'$$
$$Mx_2 = m(l\cos\theta - X) + M(x_2 - X)$$
$$(M+m)X = ml\cos\theta$$

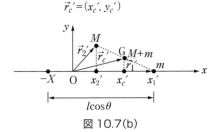

図 10.7(b)

∴ $X = \dfrac{ml\cos\theta}{m+M}$

参考 運動している小球と斜面台との間にはたらく垂直抗力 $(\vec{N}, -\vec{N})$ は互いに作用・反作用の関係にあり，内力となるので，2物体系の重心運動には寄与しない．
また，小球が斜面をすべり降りたときの小球と斜面台の速度の x 成分をそれぞれ v，V，重心の速度を v_c とすると，v_c はすべりはじめの速度 0 に等しいので，

$$mv + MV = (M+m)v_c = 0$$

が成り立つ．
これは，小球と斜面台をあわせて運動量保存の法則が成り立っていることを表している．これより，

$$V = -\dfrac{m}{M}v$$

であることもわかる．斜面台にはたらく力 $-\vec{N}$ の x 方向の成分により，斜面台は $-x$ 方向に動くので $V<0$ となる．

例題 10.3

高さ h でなめらかな曲面をもつ質量 M の台をなめらかな床面上におき，その上端 A から質量 m の小球をすべらせる．小球が下端 B まですべり降りたときの台の速度 V を求めよ．
また，すべり始めからすべり終わりまで小球と台の 2 物体系の重心の水平方向の位置は不変であることを示せ．

解
「2物体系の内力と外力がはたらいているとき，外力がないか，あっても合力が $\vec{0}$ のとき系の全運動量は保存する」ことに注目する．
内力と外力を図 10.8 に示す．
小球と曲面との間にはたらく垂直抗力 $\vec{N}$，$-\vec{N}$ は作用・反作用の関係にある．外力は重力 $m\vec{g}$，$M\vec{g}$ と床からの垂直抗力 $\vec{N'}$ だけである．外力は鉛直成分のみで，水平成分はもたないので，小球と台の物体系の全運動量 $\vec{P}$ の水平成分（x 成分）は保存する．
B から小球が飛びだすときの速度を $\vec{v}$（$+x$ 方向），台の速度を $\vec{V}$（$+x$ 方向）とする．

AとBにおける小球と台の2物体系の全運動量のx成分は保存される。

$$\vec{0} = m\vec{v} + M\vec{V}$$

x成分：$0 = mv + MV$

これだけではv, Vはきまらない。$\vec{N}$, $\vec{N'} \perp d\vec{s}$（微小変位）なので垂直抗力は仕事をしない。保存力は重力$m\vec{g}$のみなので力学的エネルギー保存の法則が適用できる。

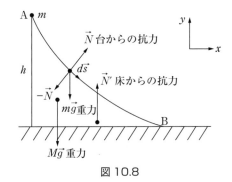

図 10.8

$$0 + mgh = \frac{1}{2}mv^2 + \frac{1}{2}MV^2$$

$v > 0$なので，$V < 0$となることに注意して，

$$v = \sqrt{\frac{2M}{M+m}gh}, \quad V = -m\sqrt{\frac{2gh}{M(M+m)}}$$

をえる。

すべり始めとすべり終りの小球と台の速度をそれぞれ，

$$\vec{v}_1 = (0, 0), \quad \vec{v}_2 = (0, 0)$$
$$\vec{v}_1' = (v, 0), \quad \vec{v}_2' = (V, 0)$$

と書く。すべり始めと終りの小球と台全体の速度をそれぞれ，$\vec{v}_c$, $\vec{v}_c'$とすると，

$$\vec{v}_c = \frac{m_1\vec{v}_1 + m_2\vec{v}_2}{m_1 + m_2} = \frac{(0,0)}{m_1 + m_2} = \vec{0}$$

$$\vec{v}_c' = \frac{m_1\vec{v}_1' + m_2\vec{v}_2'}{m_1 + m_2} = \frac{m_1(v,0) + m_2(V,0)}{m_1 + m_2}$$

$$= \frac{1}{m_1 + m_2}(m_1 v + m_2 V, 0)$$

vとVの式に$m_1 = m$, $m_2 = M$を代入すると，

$$mv + MV = 0$$

よって$\vec{v}_c' = (0, 0) = \vec{v}_c$

となる。すべり始めから終りまで重心速度のx成分は0だから，2物体系の重心の水平方向の位置は動かず一定のまま始めの位置に留まっている。

10.4 剛体の重心(質量中心)

これまでは，物体の大きさを無視できる物体(質点)のつりあいや運動を考えてきた．実際の物体は大きさをもっているため，質点の運動にはない回転運動も行う．この節では，大きさをもち変形しない(質点間の距離 $|\vec{r_i}-\vec{r_j}|$ が一定に保たれる)物体のつりあいや運動を考える．このような理想的な物体を剛体という．剛体を細かく分割すると物体(質点)系と見なされるので，これまで導いた物体系(質点系)に対する運動法則(重心の運動方程式や回転運動の運動方程式)が部分的修正を行えば剛体にも適用できる．

質量が連続的に分布している剛体の重心の位置 $\vec{r_c}$ は，質点系の場合の m_i を微小な質量要素 dm に，$\vec{r_i}$ を $\vec{r}$ に，和 $\sum$ を積分 $\int$ に置き換えて次のようにえられる．

$$\vec{r_c} = \frac{\sum_i m_i \vec{r_i}}{\sum_i m_i} = \frac{\sum_i m_i \vec{r_i}}{M} \rightarrow \vec{r_c} = \frac{\int \vec{r}\,dm}{\int dm} = \frac{\int \vec{r}\,dm}{M}$$

連続体が3次元，2次元，1次元的に分布しているとき，dm をそれぞれ，

$$dm = \rho dV, \quad dm = \sigma dS, \quad dm = \lambda dx$$

とする．ここで，ρ, σ, λ はそれぞれ体積密度 [kg/m^3]，面密度 [kg/m^2]，線密度 [kg/m] を，dV, dS, dx はそれぞれ体積要素，面積要素，線要素を表す．dV, dS のデカルト座標 (x, y, z)，極座標 (r, θ, ϕ) による表示はそれぞれ，

$$dV = dxdydz = r^2 \sin\theta\, drd\theta d\phi, \quad dS = dxdy = rdrd\phi$$

である．両座標の間には，

$$x = r\sin\theta\cos\phi, \quad y = r\sin\theta\sin\phi, \quad z = r\cos\theta$$

の関係がある．ρ, σ, λ は一般的には位置 $\vec{r} = (x, y, z)$ の関数であるが，物体が一様分布のとき定数となる．ρ, σ, λ が一定のとき，重心を求めるには対称性を利用するとよい．たとえば，一様な球の重心は球心に，一様な円板の重心は円板中心に，一様な棒の重心は棒の中点にある．

例題 10.4

長さが l で，線密度（単位長さあたりの質量）λ が一様に増加する細い棒がある．一端 A では λ は λ_1 で，他端 B では λ_2 である場合，棒の重心 G の位置は A よりどれだけの距離にあるか．

解

図 10.9 のように，A を原点 O とし，AB に沿って x 軸をとる．A より x の距離にある $\lambda(x)$ は，

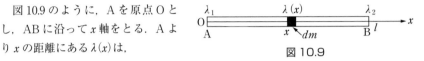

図 10.9

$$\lambda(x) = \frac{\lambda_2 - \lambda_1}{l} x + \lambda_1$$

である．重心 G の位置の座標 x_c は，微小質量要素は $dm = \lambda(x)dx$ だから，

$$x_c = \frac{\int x\,dm}{\int dm} = \frac{\int_0^l x\lambda(x)\,dx}{\int_0^l \lambda(x)\,dx} = \frac{1}{3}\frac{\lambda_1 + 2\lambda_2}{\lambda_1 + \lambda_2} l$$

$$\therefore \quad \frac{1}{3}\frac{\lambda_1 + 2\lambda_2}{\lambda_1 + \lambda_2} l$$

とくに，$\lambda_1 = \lambda_2 = \lambda$（一定），つまり，一様な棒のとき，

$$x_c = \frac{1}{2} l$$

となる．

問 10.5

底辺が a，高さ b の一様な密度のうすい直角三角形の板の重心 G の位置の座標を求めよ．

解

図 10.10 のように，x, y 軸をとる．板の質量を M とすると，面密度は面積 $S = \frac{1}{2}ab$ なので，

$$\sigma = \frac{M}{S} = \frac{2M}{ab}$$

となる．

$$dm = \sigma dS = \sigma dx dy$$

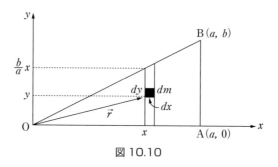

図 10.10

であるから, G の位置ベクトル $\vec{r}_c = (x_c, y_c)$ は,

$$\vec{r}_c = \frac{1}{M}\int \vec{r}\, dm, \quad M = \int dm, \quad \vec{r} = (x, y)$$

より,

$$x_c = \frac{\sigma}{M}\int x\, dxdy = \frac{\sigma}{M}\int_0^a x\, dx \int_0^{\frac{b}{a}x} dy = \frac{2}{3}a$$

$$y_c = \frac{\sigma}{M}\int y\, dxdy = \frac{\sigma}{M}\int_0^a dx \int_0^{\frac{b}{a}x} y\, dy = \frac{1}{3}b$$

ここで, OB の直線は $y = \frac{b}{a}x$ で表されることを用いた. 上式より,

$$\vec{r}_c = \left(\frac{2}{3}a, \frac{1}{3}b\right)$$

と求まる.

参考

直線 $y = \frac{b}{2a}x$ と $y = \frac{2b}{a}x - b$ の交点として求めることもできる.

例題 10.6

半径 a の一様な半球体の重心 G を求めよ.

解

図 10.11 のように, 球の中心 O を原点として, 底面に垂直に z 軸をとる. 半球体は, z 軸に関して対称であるから, 重心 G は z 軸上にある. O より z の距離にあり, 底面に平行な平面で切った厚さ dz の微小円板の質量 dm は, 密度 ρ とすると, 体積要素 dV は,

$$dV = \pi(\sqrt{a^2-z^2})^2 dz$$

であるから，

$$dm = \rho dV = \rho\pi(a^2-z^2)dz$$

と表される．重心 G の座標 z_c は $\vec{r}=(0,0,z)$ としてよいので，

$$z_c = \frac{\int z\, dm}{\int dm} = \frac{\int_0^a z\cdot\rho\pi(a^2-z^2)dz}{\int_0^a \rho\pi(a^2-z^2)dz}$$

$$= \frac{\left[\dfrac{a^2 z^2}{2} - \dfrac{z^4}{4}\right]_0^a}{\left[a^2 z - \dfrac{z^3}{3}\right]_0^a} = \frac{3}{8}a$$

$$\therefore \quad \mathrm{OG} = \frac{3}{8}a$$

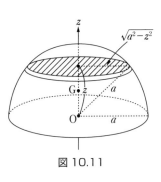

図 10.11

10.5 剛体のつりあい

剛体がつりあうためには，重心が動きださないように重心の加速度 $\dfrac{d^2\vec{r}_c}{dt^2}$ が $\vec{0}$ であること，かつ原点 O のまわりの回転が起こらないように角運動量 $\vec{L}$ が $\vec{0}$ のままで変化しないことが必要である．したがって，

つりあいの条件は，

(1) $\sum_i \vec{F}_i = \vec{0}$ （外力のベクトル和が $\vec{0}$）

(2) $\sum_i \vec{N}_i (=\vec{r}_i \times \vec{F}_i) = \vec{0}$ （原点 O のまわりの外力のモーメントの和が $\vec{0}$）

が同時に成り立つことである．

(1)を力のつりあい，(2)を力のモーメントのつりあいの式とよぶことが多い．

重心が動かないということは，どこを基準にしても動かないので，基準点の選び方によらないことを意味する．つりあいの条件の適用の際に原点 O のまわりでなくても任意に選んだ 1 点のまわりの外力のモーメントの和を $\vec{0}$ としてもよい．

例題 10.7

図 10.12 のように,長さ l,質量 M の一様な棒を糸でつるし,下端を力 $\vec{F}$ で水平に引いた.このとき糸および棒が鉛直線となす角 θ_1, θ_2 と糸の張力の大きさ T を求めよ.

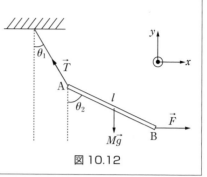

図 10.12

解

3 力のつりあいの式が成り立つ.

$$\vec{T} + M\vec{g} + \vec{F} = 0$$

成分表示すると,

$$x : F - T\sin\theta_1 = 0 \qquad ①$$
$$y : T\cos\theta_1 - Mg = 0 \qquad ②$$

点 A についての「力のモーメントのつりあい」の式,

$$\sum_i \vec{N}_i = \sum_i \vec{r}_i \times \vec{F}_i = \vec{0}$$

より,

$$\sum_i N_{iz} = -\frac{l}{2}Mg\sin\theta_2 + lF\cos\theta_2 = 0 \qquad ③$$

①,②より,$\tan\theta_1 = \dfrac{F}{Mg}$ を満足する θ_1

③より,

$\tan\theta_2 = \dfrac{2F}{Mg}$ を満足する θ_2

①,②より,

$$\sin^2\theta_1 + \cos^2\theta_1 = \frac{1}{T^2}(F^2 + (Mg)^2) = 1$$
$$\therefore \quad T = \sqrt{F^2 + (Mg)^2}$$

例題 10.8

図 10.13 のように，長さ l，質量 M の一様なはしご AB がなめらかな鉛直な壁とあらい水平な床との間に立てかけてあり，水平となす角を θ，はしごと床との静止摩擦係数を μ とする．質量 m の人（質点とみなす）が下端 A から登るとき，登ることのできる最大の距離 s を求めよ．

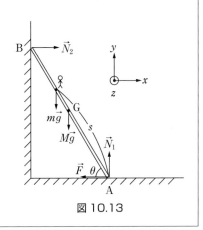

図 10.13

解

人とはしごを1つの剛体（質点系）と考えれば，これにはたらく外力は重力 $m\vec{g}$，$M\vec{g}$，床からの垂直抗力 $\vec{N_1}$，壁からの垂直抗力 $\vec{N_2}$，摩擦力 $\vec{F}$ である．剛体のつりあいの条件は並進運動しない条件と回転運動しない条件が必要である．式で書くと，

$$\sum_i \vec{F_i} = m\vec{g} + M\vec{g} + \vec{N_1} + \vec{N_2} + \vec{F} = \vec{0} \qquad ①$$

$$\sum_i \vec{N_i} = \vec{0} \qquad ②$$

①を成分で表すと，

$$x \text{ 成分}: N_2 - F = 0 \qquad ③$$

$$y \text{ 成分}: N_1 - mg - Mg = 0 \qquad ④$$

②は，任意の点のまわりの力のモーメントの和が0であることを表している．点Aのまわりの力のモーメントの和を考えると，

$$\sum_i \vec{N_i} = (0, 0, N_{iz}) = \vec{0} \;\to\; N_{iz} = N_2 l \sin\theta - mgs\cos\theta - \frac{1}{2}Mgl\cos\theta = 0 \qquad ⑤$$

④より，

$$N_1 = (M+m)g$$

⑤より，

$$N_2 = \frac{1}{l\tan\theta}\left(ms + \frac{1}{2}Ml\right)g$$

が求まる．これをすべらない条件 $F \leq \mu N_1$ に代入すると，

$$s \leq \frac{\mu l(M+m)\tan\theta}{m} - \frac{M}{2m}l \qquad ⑥$$

がえられる．

$$\therefore \quad s = \frac{\mu l(M+m)\tan\theta}{m} - \frac{M}{2m}l \qquad ⑦$$

例題 10.9

図 10.14 のように，あらい水平な床面上に固定された半径 r のなめらかな半円柱に，長さ l，質量 m の一様な棒 AB を立てかけたところ，棒は水平面に対して 30° の角度で静止した．棒にはたらく重力を $m\vec{g}$ ($\vec{g}$ は重力加速度)，A 点における床からの垂直抗力を $\vec{N}$, 静止摩擦力を $\vec{f}$, 半円柱と棒との接点 C における垂直抗力を $\vec{N'}$ とする．

(1) 上記の力の x (水平)，y (鉛直) 両成分のつりあいの式を示せ．

(2) A のまわりの力のモーメントのつりあいの式を示せ．

(3) これらより，N', f, N を，l, r, mg を用いて求めよ．

(4) $\mu = \dfrac{1}{\sqrt{3}}$ のとき，l が $\sqrt{3}r < l < l_m$ の範囲にあるとき，棒は静止しているが，l が l_m を越えると棒はすべり出す．l_m は r の何倍か．

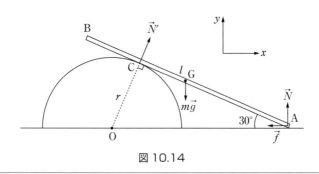

図 10.14

解

(1) x (水平方向)：$f - N'\sin 30° = 0$ ①

　　 y (鉛直方向)：$N + N'\cos 30° - mg = 0$ ②

(2) $\overline{AC} \cdot \tan 30° = r$ から,

$\overline{AC} = \dfrac{r}{\tan 30°}$, $\overline{AG} = \dfrac{l}{2}$ (G は棒の重心)とあわせて

A のまわりのモーメントのつりあいの式は,

$$N'\dfrac{r}{\tan 30°} - mg\dfrac{l}{2}\cos 30° = 0 \qquad ③$$

となる.

(3) ①, ②, ③より,

$$N' = \dfrac{l}{4r}mg$$

$$f = \dfrac{l}{8r}mg$$

$$N = \left(1 - \dfrac{\sqrt{3}l}{8r}\right)mg$$

と求められる.

(4) すべり出す直前 ($l = l_m$) の f は μN(最大静止摩擦力)に等しい.

$$\dfrac{l_m}{8r}mg = \mu\left(1 - \dfrac{\sqrt{3}l_m}{8r}\right)mg, \quad \mu = \dfrac{1}{\sqrt{3}}$$

これから, $l_m = \dfrac{4\sqrt{3}}{3}r$ ∴ $\dfrac{l_m}{r} = \dfrac{4\sqrt{3}}{3}$

よって, l_m は r の $\dfrac{4\sqrt{3}}{3}$ 倍となる.

このとき, $N = \dfrac{1}{2}mg$, $N' = \dfrac{\sqrt{3}}{3}mg$ となる.

結果を図 10.15 に示す.

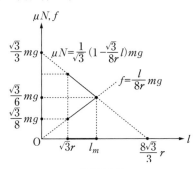

図 10.15

例題 10.10

図 10.16 のように，半径 a のなめらかな内面をもった中空の半球がふちを上方水平にして固定されている．質量 m，長さ $2l$ の棒の一端を半径の内面にのせ，他端を外部に出し，棒の1点を半球のふちにさわらせてつりあわせた．

点 A での抗力を $\vec{N_1}$（球円面に垂直で半球の中心 O を向く），点 B での抗力を $\vec{N_2}$（棒に垂直），棒が水平となす角を θ とする．また，A を原点とし，棒に沿って x 軸を，棒に垂直に y 軸をとる．

(1) x，y 方向のつりあいの式を書け．
(2) 点 A のまわりの力のモーメントのつりあいの式を書け．
(3) $\vec{N_1}$，$\vec{N_2}$ の大きさ N_1，N_2 を求めよ．
(4) $\cos\theta$ の値を求めよ．
(5) つりあいが成り立つためには l がどのような範囲にあればよいか．

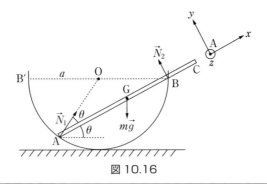

図 10.16

解

(1) $x : N_1 \cos\theta - mg \sin\theta = 0$ ①
 $y : N_1 \sin\theta + N_2 - mg \cos\theta = 0$ ②

(2) 力 $\vec{mg}$ のモーメント $= (0, 0, -mgl\cos\theta)$
 力 $\vec{N_2}$ のモーメント $= (0, 0, N_2 2a\cos\theta)$

$$\therefore \quad -mgl\cos\theta + 2aN_2\cos\theta = 0 \qquad ③$$

(3) ①，②より，

$$N_1 = mg \tan\theta \qquad \text{④}$$

$$N_2 = \frac{2\cos^2\theta - 1}{\cos\theta} mg = \frac{\cos 2\theta}{\cos\theta} mg \qquad \text{⑤}$$

(4) ⑤を③に代入,

$$4a\cos^2\theta - l\cos\theta - 2a = 0 \qquad \text{⑥}$$

$$\cos\theta = \frac{l + \sqrt{l^2 + 32a^2}}{8a} (\because \cos\theta > 0) \qquad \text{⑦}$$

(5) AG＜AB＜AC であればよい.
AB=B'B$\cos\theta$(θ=∠B'BA)に注意すると,

$$l < 2a\cos\theta < 2l$$

となる.

⑦を代入して整理すると,

$$3l < \sqrt{l^2 + 32a^2} < 7l$$

これから,

$$\therefore \sqrt{\frac{2}{3}}a < l < 2a$$

がえられる.

10.6 固定軸をもつ剛体の回転運動

図 10.17 に示すように，剛体は小さな部分の集合体とみなし，質量が無視できる円板に質量 m_1, m_2, …, m_i, … の小球を埋め込んだ物体系を考える.

円板の中心を原点 O とする x, y, z 座標軸をとり，固定軸(z 軸)のまわりに角速度 ω で円板が xy 平面上を回転している場合，i 番目の小球の質量を m_i，z 軸からの位置を $\vec{r_i}$ とするとき，すべての m_i は共通の ω で回転しているので，m_i の速度は $\vec{v_i} = \vec{\omega} \times \vec{r_i}$ となる. $\vec{\omega}$ は角速度ベクトルで向きは $+z$ 方向である.

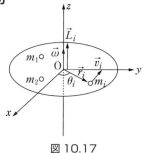

図 10.17

このとき $\vec{v_i}$ は $\vec{r_i}$ に垂直(接線方向)で $|\vec{v_i}| = r_i\omega\sin\frac{\pi}{2} = r_i\omega$ である. m_i の角運動量は,

$$\vec{L}_i = \vec{r}_i \times \vec{p}_i = \vec{r}_i \times m_i \vec{v}_i = \vec{r}_i \times m_i (\vec{\omega} \times \vec{r}_i)$$

真中の式より，$\vec{L}_i$ の向きは $+z$ 方向で，$|\vec{L}_i| = m_i r_i v_i \sin 90° = m_i r_i^2 \omega$ とするか，右の式をベクトル3重積の公式を用いて，
$$\vec{r}_i \times (\vec{\omega} \times \vec{r}_i) = \vec{\omega}(\vec{r}_i \cdot \vec{r}_i) - \vec{r}_i(\vec{r}_i \cdot \vec{\omega}) = r_i^2 \vec{\omega}$$
として

$$\vec{L}_i = (0, 0, m_i r_i^2 \omega)$$

となる．

m_i にはたらく外力 $\vec{F}_i$ の原点 O のまわりの力のモーメントは，

$$\vec{N}_i = \vec{r}_i \times \vec{F}_i$$

である．$\vec{F}_i$ が x-y 平面ではたらくとき，$\vec{N}_i$ の z 成分だけが 0 でない．このとき，

$$\vec{N}_i = (0, 0, N_{iz})$$

となる．

回転運動の運動方程式に代入すると，

$$\frac{d\vec{L}_i}{dt} = \vec{N}_i \quad \rightarrow \quad \frac{m_i r_i^2 d\omega}{dt} = \vec{N}_{iz}$$

すべての i について足すと，

$$\left(\sum_i m_i r_i^2\right) \frac{d\omega}{dt} = \sum_i N_{iz} = N_z$$

がえられる．

$I_z = \sum_i m_i r_i^2$ とおくと，

$$I_z \frac{d\omega}{dt} = N_z$$

これは物体系の回転運動の運動方程式を与える．I_z は円板内の小球が z 軸を回る間一定値をとり慣性モーメントとよばれる．

$\vec{r}_i$ が x 軸となす角を θ_i とすると，

$$\omega = \frac{d\theta_i}{dt}$$

であり，運動方程式は，θ_i はどこを基準にしてもよいので，

$$I_z \frac{d^2\theta}{dt^2} = N_z$$

と書くこともできる.

> **例題 10.11**
> 1 次元の運動方程式と比較し，対応関係を調べよ．

解

$$m\frac{dv}{dt} = F \quad m\frac{d^2x}{dt^2} = F$$

$$I_z\frac{d\omega}{dt} = N_z \quad I_z\frac{d^2\theta}{dt^2} = N_z$$

$$m \longleftrightarrow I_z$$
$$v \longleftrightarrow \omega$$
$$x \longleftrightarrow \theta$$
$$F \longleftrightarrow N_z$$

物体系から剛体の回転の運動方程式への拡張は，慣性モーメントを次のように置き換えるとよい．

$$\sum \to \int, \quad r_i \to r, \quad m_i \to dm$$

$$I = \int r^2 dm$$

ここで dm は微小な質量要素を表す．

$$I_z\frac{d\omega}{dt} = I_z\frac{d^2\theta}{dt^2} = N_z$$

$$I_z = \int r^2 dm$$

と表される．

> **問**
> 力のモーメントは外力のみを考え，内力は考えなくてよい理由を示せ．

解
　m_i と m_j との間にはたらく内力 $\vec{f}_{ij} = -\vec{f}_{ji}$ が m_i と m_j を結ぶ線上にあれば，m_j からの $\vec{f}_{ij}$ の原点 O のまわりのモーメント $\vec{n}_{ij}$ は m_i からの $\vec{n}_{ji}$ と $\vec{n}_{ij} = -\vec{n}_{ji}$ の関係にな

り，和をとると $\vec{0}$ になるので内力によるものは考慮しなくてもよい．

> **例題 10.12　棒の慣性モーメント**
> 質量 M，長さ l の一様な細い棒の端点 O を通り，棒に垂直な固定軸（z 軸）のまわりの慣性モーメントを求めよ．

解

図 10.18 のように点 O から棒に沿って x 軸をとる．

位置 x の点に微小長さ dx をとると，その部分の微小質量 dm は，

$$dm = \lambda dx$$

である．ここで $\lambda \left(= \dfrac{M}{l} \right)$ は線密度である．

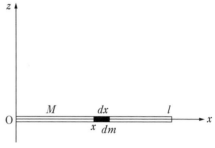

図 10.18

よって，

$$I_z = \int x^2 dm = \lambda \int_0^l x^2 dx = \frac{1}{3} M l^2$$

と求まる．

> **問**
> 棒の中点を通り棒に垂直な z 軸のまわりの慣性モーメントを求めよ．

解

例題 10.12 の I_z の式において，

x 軸の原点 O を棒の中点にとり，積分範囲を $-\dfrac{l}{2}$ から $\dfrac{l}{2}$ にすればよい．

$$I_z = \int x^2 dm = \lambda \int_{-\frac{l}{2}}^{\frac{l}{2}} x^2 dx = \frac{1}{12} M l^2$$

となる．

例題 10.13 円板の慣性モーメント

質量 M, 半径 a の一様な薄い円板の中心 O を通って，円板に垂直な z 軸のまわりの慣性モーメント I_z を求めよ．

解

円板を半径 r と $r+dr$ に囲まれた同心の円輪を考える（図 10.19）．円輪部分の質量 dm は，

$$dm = \sigma 2\pi r dr$$

である．ここで $\sigma \left(= \dfrac{M}{\pi a^2}\right)$ は面密度である．

$$I_z = \int r^2 dm = 2\pi\sigma \int_0^a r^3 dr = \frac{1}{2}\pi\sigma a^4 = \frac{1}{2}Ma^2$$

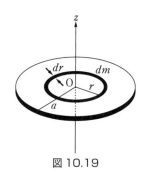

図 10.19

例題 10.14 物理振り子（剛体振り子）

図 10.20 のように，質量 M, 長さ l の一様な棒が z 軸のまわりで回転する場合を考える．

ただし，x 軸は鉛直下向きに，y 軸は水平にとるものとする．棒が x 軸とのなす角を θ とし，重力の加速度の大きさを g とする．

(1) z 軸のまわりの力のモーメント $\vec{N}$ を求めよ．
(2) 棒の回転運動の運動方程式をかけ．
(3) 振れの角が小さいとき（$\sin\theta \fallingdotseq \theta$），この運動は単振動であることを示し，その周期を求めよ．

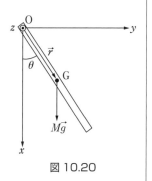

図 10.20

解

(1) 重力 $M\vec{g}$ は原点 O より $\dfrac{l}{2}$ の位置にある重心 G にはたらいている．

$$\vec{r} = (x, y, z) = \left(\frac{l}{2}\cos\theta, \frac{l}{2}\sin\theta, 0\right), \quad M\vec{g} = (Mg, 0, 0)$$

であるから，

$$\vec{N} = \vec{r} \times M\vec{g} = \left(0, 0, -\frac{1}{2}Mgl\sin\theta\right)$$

となる.

(2) 回転運動の運動方程式は,
$$I_z \frac{d^2\theta}{dt^2} = N_z \rightarrow I_z \frac{d^2\theta}{dt^2} = -\frac{1}{2}Mgl\sin\theta$$

となる. I_z は棒の z 軸のまわりの慣性モーメントで, $I_z = \frac{1}{3}Ml^2$ であることはすでに例題 10.12 で求めてある.

(3) (2)の結果より,
$$\frac{d^2\theta}{dt^2} = -\frac{3g}{2l}\sin\theta \approx -\frac{3g}{2l}\theta = -\omega^2\theta$$

となり, この解は単振動で,
$$\theta = \theta_0 \sin(\omega t + \phi) \quad \left(\omega = \sqrt{\frac{3g}{2l}}\right)$$

周期は,
$$T = \frac{2\pi}{\omega} = 2\pi\sqrt{\frac{2l}{3g}}$$

参考

ひもを重量の無視できる棒とし, 質量 M が棒の先端にくっついていると考え,
$$I_z = Ml^2, \quad N_z = -Mgl\sin\theta$$

とすると単振り子の運動方程式,
$$\frac{d^2\theta}{dt^2} = -\frac{g}{l}\theta$$

に一致し, 周期は,
$$T = 2\pi\sqrt{\frac{l}{g}}$$

となる.

例題 10.15　アトウッドの器械(定滑車が質量をもつ場合)

質量 M, 半径 a の一様な定滑車に長さ一定の軽い糸をかけ, 糸の端に質量 m_1, m_2 $(m_1 > m_2)$ のおもり A, B をつけて静かにはなす. ただし, 定滑車は円板で, 軸のまわりを摩擦なしで回転し, 糸はすべらないものとする.

(1) おもり A の加速度と糸の張力の大きさを求めよ.
(2) 定滑車の回転角加速度を求めよ.

解

(1) 図 10.21 のように,鉛直下向きを $+x$ 軸に選び,A,B の x 座標を x_1,x_2,糸の張力の大きさを T_1,T_2 とする.おもりの運動方程式は,

$$A : m_1 \ddot{x}_1 = m_1 g - T_1 \qquad ①$$
$$B : m_2 \ddot{x}_2 = m_2 g - T_2 \qquad ②$$

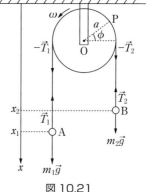

図 10.21

となる.半径 OP の回転角を ϕ とすると,角速度は $\omega = \dfrac{d\phi}{dt}$,角加速度は $\dot{\omega} = \dfrac{d\omega}{dt} = \dfrac{d^2\phi}{dt^2}$ と表される.定滑車の回転の運動方程式は,

$$I_z \frac{d^2\phi}{dt^2} = N \rightarrow I_z \dot{\omega} = a T_1 - a T_2 \qquad ③$$

となる.I_z は定滑車の中心 O を通り紙面に垂直な回転軸(z 軸)のまわりの慣性モーメントを表す.円板のとき $I_z = \dfrac{1}{2} M a^2$ である(例題 10.13 参照).束縛条件(糸の長さは一定,糸は定滑車のまわりをすべらない)は,

$$x_1 + x_2 = 一定 \rightarrow \ddot{x}_1 = -\ddot{x}_2 \qquad ④$$
$$\dot{x}_1 = a\omega \rightarrow \ddot{x}_1 = a\dot{\omega} \qquad ⑤$$

となる.①,②,③より T_1,T_2 を消去し,④,⑤を使うと,おもり A の加速度 α_1 は,

$$\alpha_1 = \ddot{x}_1 = \frac{(m_1 - m_2) a^2}{(m_1 + m_2) a^2 + I_z} g \qquad ⑥$$

となる.おもり B の加速度 α_2 は $\alpha_2 = \ddot{x}_2 = -\ddot{x}_1 = -\alpha_1$ なので,α_1 と大きさが等しく逆向きである.これらを①,②に代入して,A,B の張力の大きさ T_1,T_2 は,

$$T_1 = \frac{2 m_2 a^2 + I_z}{(m_1 + m_2) a^2 + I_z} m_1 g, \quad T_2 = \frac{2 m_1 a^2 + I_z}{(m_1 + m_2) a^2 + I_z} m_2 g \qquad ⑦$$

となる.$I_z = 0$ とすれば,

$$T_1 = T_2 = \frac{2 m_1 m_2}{m_1 + m_2} g$$

となり,例題 5.10 の結果と一致する.

(2) 回転角速度 β は⑤,⑥より,

$$\beta = \dot{\omega} = \frac{a_1}{a} = \frac{(m_1 - m_2)a}{(m_1 + m_2)a^2 + I_z} g \qquad ⑧$$

となる．おもり A, B は等加速度運動，定滑車は等角加速度運動を行う．

著者紹介

御法川 幸雄（みのりかわ ゆきお）

1967年	神戸大学理学研究科(物理学専攻)修了
	元近畿大学教授　理学博士
	研究分野　宇宙線(ミューオン・ニュートリノ)物理学
現在	基礎物理インストラクター，サイエンスライター
趣味	ピアノ演奏(唱歌からショパンまで)
著書	『New Introduction to Physics (3rd edition)』(学術図書)
	『ベクトルで考え微積で解く基礎物理学』(現代図書)
	『医学部受験物理』(ミヤオビパブリッシング)
	『演習で理解する　基礎物理学―力学―』(共立出版)
	『演習で理解する　基礎物理学―電磁気学―』(共立出版)

ベクトルと微積（びせき）ですっきりわかる
例解（れいかい） 新基礎力学（しんきそりきがく）

2019年9月9日　発行　　　　　　　　　NDC423

著　者	御法川 幸雄（みのりかわ ゆきお）
発行者	小川 雄一
発行所	株式会社　誠文堂新光社
	〒113-0033　東京都文京区本郷 3-3-11
	［編集］電話 03-5800-5779
	［販売］電話 03-5800-5780
	http://www.seibundo-shinkosha.net/
印刷所	星野精版印刷　株式会社
製本所	和光堂　株式会社

©2019, Yukio Minorikawa　　Printed in Japan
検印省略

本書記載の記事の無断転用を禁じます．
落丁・乱丁の場合はお取り替えいたします．

本書に掲載された記事の著作権は著者に帰属します．これらを無断で使用し，展示・販売・レンタル・講習会等を行うことを禁じます．

本書のコピー，スキャン，デジタル化等の無断複製は，著作権法上での例外を除き，禁じられています．本書を代行業者等の第三者に依頼してスキャンやデジタル化することは，たとえ個人や家庭内での利用であっても著作権法上認められません．

[JCOPY]〈(一社)出版者著作権管理機構 委託出版物〉
本書を無断で複製複写(コピー)することは，著作権法上での例外を除き，禁じられています．本書をコピーされる場合は，そのつど事前に，(一社)出版者著作権管理機構（電話 03-5244-5088／FAX 03-5244-5089／e-mail:info@jcopy.or.jp）の許諾を得てください．

ISBN978-4-416-91970-5